防汛抢险培训系列教材

常见防汛抢险
专用设备管理和使用

江苏省防汛防旱抢险中心　江苏省防汛抢险训练中心◎编

中国水利水电出版社
www.waterpub.com.cn

·北京·

内 容 提 要

本书在参阅大量参考文献的基础上，结合江苏省防汛机动抢险队伍的建设管理情况，主要介绍了防汛抢险移动泵站、防汛抢险专用车辆、防汛抢险救援装备、防汛抢险专用装备 4 类设备的管理和使用。本书立足于实效性和实用性，对江苏省防汛抢险一线装备的专用设备的使用进行了详细讲解，并对这些专用设备的日常管理及故障维修进行了分析。

本书可作为水利工作者、防汛抢险队伍技术培训的教科书和工具书，也可作为防汛抢险人员的参考资料。

图书在版编目（CIP）数据

常见防汛抢险专用设备管理和使用 / 江苏省防汛防
旱抢险中心，江苏省防汛抢险训练中心编. -- 北京 : 中
国水利水电出版社，2019.4
防汛抢险培训系列教材
ISBN 978-7-5170-7584-4

Ⅰ. ①常… Ⅱ. ①江… ②江… Ⅲ. ①防洪－专用设
备－设备管理－技术培训－教材 Ⅳ. ①TV871.2

中国版本图书馆CIP数据核字(2019)第069195号

书　　名	防汛抢险培训系列教材 **常见防汛抢险专用设备管理和使用** CHANGJIAN FANGXUN QIANGXIAN ZHUANYONG SHEBEI GUANLI HE SHIYONG
作　　者	江苏省防汛防旱抢险中心 江苏省防汛抢险训练中心　编
出版发行	中国水利水电出版社 （北京市海淀区玉渊潭南路 1 号 D 座　100038） 网址：www.waterpub.com.cn E - mail : sales@waterpub.com.cn 电话：(010) 68367658（营销中心）
经　　售	北京科水图书销售中心（零售） 电话：(010) 88383994、63202643、68545874 全国各地新华书店和相关出版物销售网点
排　　版	中国水利水电出版社微机排版中心
印　　刷	清淞永业（天津）印刷有限公司
规　　格	184mm×260mm　16 开本　11 印张　261 千字
版　　次	2019 年 4 月第 1 版　2019 年 4 月第 1 次印刷
印　　数	0001—5000 册
定　　价	**49.00 元**

编　委　会

前言

防汛抢险事关人民群众生命财产安全和经济社会发展的大局，历来是全国各级党委和政府防灾、减灾、救灾工作的重要任务。为提高各级防汛抢险队伍面对洪涝灾害时的应急处置能力，做到科学抢险、精准抢险，江苏省防汛防旱抢险中心编写了防汛抢险培训系列教材。本系列教材根据江苏等平原地区防汛形势和防汛抢险的特点，针对防汛抢险专业技能人才、防汛抢险指挥人员培训教育的实际需求，在全面总结新中国成立以来江苏省防汛抢险方面的工作经验的基础上，归纳提炼而成，具有一定的科学性、实用性。本系列教材包含《防汛抢险基础知识》《堤防工程防汛抢险》《河道整治工程与建筑物工程防汛抢险》《常见防汛抢险专用设备管理和使用》《常见防汛抢险通用设备管理和使用》5个分册。

本系列教材在编写过程中，得到了江苏省防汛防旱指挥部办公室和江苏省水利系统内多位专家、学者的精心指导，扬州大学在资料收集、筛选、整理等方面做了大量的工作，在此一并致以感谢。

《常见防汛抢险专用设备管理和使用》共分4篇，第1篇为防汛抢险移动泵站，主要介绍潜水电泵机组、柴油机泵机组、移动排水泵车的运行维护及日常管理；第2篇为防汛抢险专用车辆，主要介绍金木工作业车、后勤保障餐车、卫星通信指挥车的运行维护及日常管理；第3篇为防汛抢险救援装备，主要介绍多旋翼无人机、冲锋舟、喷水组合式防汛抢险舟的运行维护及日常管理；第4篇为防汛抢险专用装备，主要介绍植桩机、便携救生抛投器、板坝式子堤、装配式围井的操作使用、日常管理和使用规程等内容。

限于编者水平有限，加之时间仓促，疏误之处在所难免，敬请同行及各界读者批评指正。

编者

2018 年 12 月

目录

第 1 篇

防汛抢险移动泵站

第1章

潜水电泵机组

1.1 设备概述

潜水电泵机组是防汛抢险中广泛使用的一种设备。潜水电泵机组包括潜水电泵、控制柜、电力电缆、出水管道等（图1.1）。泵用电动机有干式（电机全部密封）、湿式（电机内部充水，定子和转子都在水中运转）等类型。

2000年以后，江苏省防汛机动抢险队伍开始装备大功率、大流量的防汛抢险专用潜水电泵，在历次重大防汛抗旱抢险任务中得到广泛应用，潜水电泵逐渐成为防汛抗旱应急抢险的主力灌排装备。它是将电机与叶轮组合成井筒式结构潜入水中运行的一种水泵，具有结构紧凑、重量轻、噪声低，以及安装、使用和转移方便等特点。潜水电泵机组与柴油机泵机组、电机

图1.1　潜水电泵机组

混流泵机组等多种形式的水泵机组相比具有较高的装置效率，装置效率能达到70%。

目前江苏省防汛机动抢险队伍常用潜水电泵型号有300QH0.2-8、350QZB-70、300QSH-8-25、QW（B）15-1/1等。

1.2 基本结构

1.2.1 整体图示

以300QH0.2-8型潜水电泵为例其整体图示如图1.2所示。

1.2.2 基本原理与主要结构

潜水电泵结构如图1.3所示。

该潜水电泵的泵体由井筒式外壳、干式电机、进水滤网、进水喇叭、叶轮、电源线、

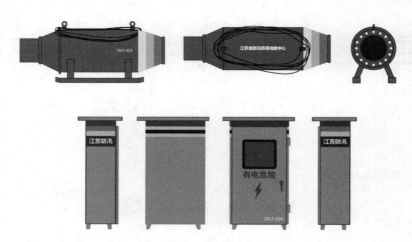

图1.2　300QH0.2-8型潜水电泵整体图示

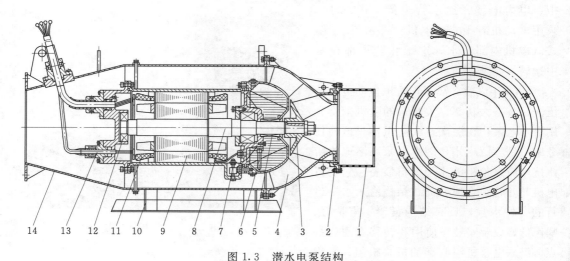

图1.3　潜水电泵结构

1—滤网；2—耐磨环；3—叶轮；4—导叶；5—机封；6—探头；7—泄漏保护；8—转子；
9—定子；10—支架；11—热保护；12—轴承；13—进线密封；14—出水管

信号线等组成。电机与泵叶轮共轴，构成一个整体，采用可靠的机械密封件将电机与水隔离，同时接线腔内设有泄漏保护装置；潜水电泵的电机三相绕组设有热电偶，可以对绕组温度进行监控反馈；电机的非接线端和密封油池也分别设有泄漏保护装置。这些保护装置的反馈信号通过水泵信号线反馈到 PMCC 多功能保护控制柜，以实现对水泵的故障检测和自动运行保护功能。

　　PMCC 控制柜是潜水电泵的运行控制终端，具有过载、缺相、短路、泄漏、超温等检测与保护功能。控制柜面板上设有手动、自动旋钮和启动、停机按键，显示面板上分别设有电流表、电压表和过载、缺相、泄漏等故障指示灯。过载保护是指当水泵电机电流超过额定电流的 1.2 倍 10min 及以上或者超过额定电流 8 倍达到 100ms 时，"过载"指示灯亮，水泵自动停止运行。短路保护是指当主回路出现短路故障时，断路器自动切断电路，水泵停止运行。泄漏保护是指当水泵发生密封泄漏时,"泄漏"指示灯亮,水泵停止运行。超温保护是指当水泵电机绕组温度超过110℃时,"超温"指示灯亮,水泵自动停止运行。

潜水电泵按启动方式不同可分为直接启动、自耦降压启动、星三角降压启动、变频启动和软启动器启动,应根据不同泵型选择相应的启动方式。30kW 以下潜水电泵以直接启动为宜。直接启动控制柜以交流接触器作为主回路,控制水泵运行与停止,具有结构简单、操作维护方便等特点,采用该启动方式启动水泵时,启动电流较大,一般为额定电流的3~7倍。图1.4所示为300QH0.2-8型潜水电泵控制柜直接启动电路。

1.2.3 设备参数

1. 潜水电泵技术参数

各型号潜水电泵技术参数见表1.1。

表 1.1 各型号潜水电泵技术参数

电泵型号	300QH0.2-8	350QZB-70	300QSH-8-25	QW (B) 15-1/1
安装形式	卧式	卧式	卧式	卧式
额定流量/(m^3/h)	756	957	800	400
额定扬程/m	8	8	8	6
额定功率/kW	26	30	25	15
额定转速/(r/min)	1450	1450	1450	3100
出水管径/in	12	14	12	8
质量/kg	375	700	250	350
启动方式	直接启动	直接启动	直接启动	变频启动
额定电压/V	380	380	380	380
额定电流/A	46	50	44	30
绝缘等级	B	B	B	F

注 1in=2.54cm。

2. 电力电缆技术参数及匹配方式

潜水电泵在实际防汛抗旱应急抢险应用中,通常控制柜与二级柜之间会有一定距离,这时需要配套相应规格的电力电缆。目前江苏省防汛机动抢险队伍电力电缆标准配备长度一般为50m/根,实际使用时根据现场距离确定电缆数量。电缆越长,电压下降越多。电缆在连接时应避免缠绕,以免引起涡扇发热损坏电缆。现有的电力电缆规格型号为 $(3×16+1×6)mm^2$、$(3×25+1×10)mm^2$、$(3×35+1×16)mm^2$、$(3×50+1×25)mm^2$、$(3×120+1×50)mm^2$ 等,电力电缆与潜水电泵配套控制柜的匹配方式有以下几种。

(1) 1根 $(3×25+1×10)mm^2$ 电力电缆匹配1台26kW 或30kW 潜水电泵控制柜。

(2) 1根 $(3×35+1×16)mm^2$ 电力电缆匹配2台26kW 潜水电泵控制柜。

(3) 1根 $(3×50+1×25)mm^2$ 电力电缆匹配2台30kW 潜水电泵控制柜。

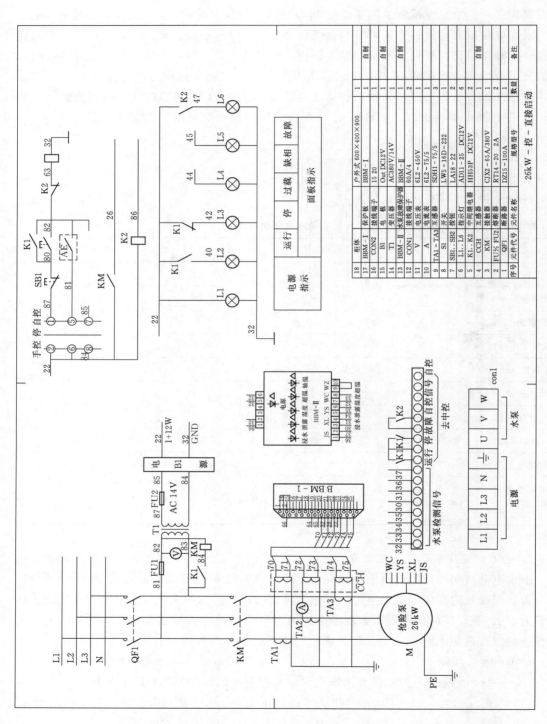

图 1.4　300QH0.2－8 型潜水电泵控制柜直接启动电路

3. 出水管技术参数

出水管根据管径与相应口径的水泵配套使用，可分为铁质水管、涂塑软管、聚氨酯软管、波纹管等。硬管有 $\phi12in$、$\phi14in$ 两种型号，标准长度为 2m，另外还配置少量 1m 长的硬管。软管为 $\phi12in$，聚氨酯材质，有 25m、50m 等多种长度。波纹管为 $\phi8in$、6m 长，两端带法式保尔快速接头。新型变频泵为 $\phi8in$ 聚氨酯管和 $\phi6in$ 聚氨酯管两种规格，标准长度为 25m。出水管技术参数见表 1.2。

表 1.2　　　　　　　　　　　　出 水 管 技 术 参 数

序号	名称	长度/m	直径/in	材质	质量/kg	备注
1	铁质水管	2	12	1.5mm 铁板	35	
2	铁质水管	2	14	1.5mm 铁板	50	
3	软管	50	12	涂塑	195	
4	软管	50	12	聚氨酯	180	
5	软管	25	8	聚氨酯	30	
6	波纹管	6	8	聚氨酯	35	

1.3　设备使用

1.3.1　启封技术要求

（1）移除潜水电泵防尘罩，拨动水泵叶轮，查看转动是否灵活，有无异响，如图 1.5 所示。

（2）检查潜水电泵电源线、信号线及接线头的标识是否完好，如图 1.6 所示。

　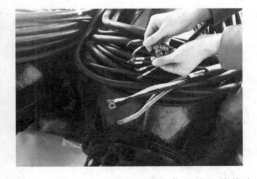

　　　　图 1.5　拨动水泵叶轮　　　　　图 1.6　检查潜水电泵电源线、信号线及接线头

（3）用 500V 兆欧表检查潜水电泵绝缘电阻，冷态电阻应大于 $2M\Omega$，热态电阻应大于 $0.5M\Omega$，相与相之间通路。电机电缆应无破损、硬伤现象，如图 1.7 所示。

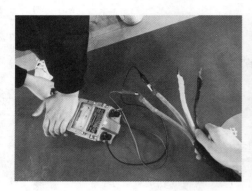

图 1.7　用 500V 兆欧表检查电阻

图 1.8　检查信号线

图 1.9　检查控制柜

（4）检查信号线，电机室泄漏（XL）组和油室泄漏（YS）组应为断路，绕组超温（WC）组应为通路。电机信号电缆应无破损、硬伤现象，如图 1.8 所示。

（5）控制柜外形及零部件无损伤，接插件无松动或脱落，主接线无烧蚀现象，如图 1.9 所示。

（6）检查软管接头、卡箍有无锈蚀、断裂情况。

1.3.2　装运技术要求

（1）接到任务后，应按标配有序装车。

（2）装车时应先装主要设备，如潜水电泵、控制柜、出水管；后装附件，如工具箱、平面法兰、弯头、橡胶密封垫、电力电缆等。

（3）控制柜装运时，应关好内部面板门及外部门，站立摆放，固定好位置。

（4）电力电缆、水泵电缆在装车时应摆放在固定位置，避免硬物碰伤。

（5）装车完成后，由现场负责人确认装车清单，无误后履行设备交接手续。

1.3.3　安装技术要求

（1）安装潜水电泵前，应首先勘察现场安装条件、电网供电能力和发电机组配备等情况，应有足够的电网容量和架设临时变压器提供足够电力。

（2）根据现场情况确定架设潜水电泵的型号与数量、输水管种类与数量、控制柜类型、电力电缆长度等。

（3）在架设潜水电泵时应使水泵正置，不得倾倒或翻转。

（4）架设时应保护好水泵电缆，使其不承受重力，防止碰伤、拉伤。

（5）做好进水口的拦污措施，以及出水口的防冲刷措施。

（6）潜水电泵控制柜安装须做好固定、挡雨、防潮、防淹等保护措施（图 1.10）。

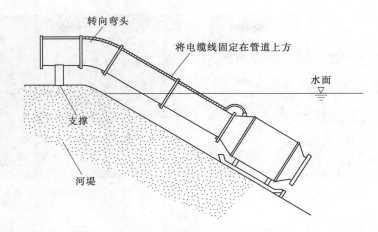

图1.10　安装技术要求

1.4　操　作　步　骤

1.4.1　安装

（1）安装潜水电泵出水管，固定潜水电泵电源线及信号线，如图1.11所示。

（2）连接硬管至堤顶或坝头，调整出水方向，固定支撑输水管道，远距离输水可选择软管或波纹管。

（3）确定二级配电柜和水泵控制柜位置。

（4）复测潜水电泵电源线相与相电阻、相与地绝缘，连接电源线，安装控制柜接地线（图1.12）。

图1.11　安装出水管并固定线缆

图1.12　复测潜水电泵电源线

（5）复测潜水电泵信号线通断，连接信号线（图1.13）。

（6）复测潜水电泵控制柜电力电缆，连接电力电缆，如图1.14和图1.15所示。

图 1.13　复测信号线通断

图 1.14　复测控制柜电力电缆

图 1.15　连接电力电缆

1.4.2　启动运行

1. 运行操作步骤

（1）检测控制柜各零部件、接线端连接是否正确、牢固，相间、相地绝缘是否良好，断路器是否处于分闸状态。

（2）闭合上级电源断路器。

（3）检测确认潜水电泵控制柜外壳无电。

（4）闭合潜水电泵控制柜断路器，检查电压是否正常（图 1.16）。

（5）将潜水泵控制柜置于"手控"模式，按"运行"按钮，启动潜水电泵，如图 1.17 所示。

图 1.16　检查电压正常与否

图 1.17　启动潜水电泵

（6）若潜水电泵反转，应立即停机，并断开控制柜断路器，对调潜水电泵电源线任意两相。

（7）启动运行后，检查控制柜指示灯显示状态和电流表、电压表读数。

2. 运行注意事项

（1）潜水电泵需在完全淹没的状态下方可开机运行。

（2）潜水电泵运行时，确认电压应为 380V（±5％）。

（3）不允许同时启动多台潜水电泵。

（4）潜水电泵运行时，应及时清理潜水电泵进水口附近的漂浮物。

（5）潜水电泵作业区域应设置围挡、安全警示标志。

（6）运行值班人员应定期检查并记录潜水电泵的运行状态。

（7）运行期间严格执行通、断电操作制度。

（8）定期巡查、加固潜水电泵出水口冲刷保护措施。

1.4.3 停机

1. 停机步骤

（1）检测确认潜水电泵控制柜外壳无电。

（2）按潜水电泵控制柜操作面板上的"停机"按钮，将转换开关置于"停机"状态。

（3）断开潜水电泵控制柜断路器，断开上级电源断路器。

2. 停机注意事项

（1）多台潜水电泵停机时应依次进行。

（2）不允许带负载断开上级电源断路器。

1.5 设 备 管 理

1.5.1 日常管理

潜水电泵机组在日常管理中应严格按照周检月试管理模式，每周进行一次周检，每月试运行一次，若设备数量较多，可合理安排到每月进行，每年应在汛前汛后进行定期检查。

1. 周检内容

（1）潜水电泵。

1）外观。检查潜水电泵是否存放在固定位置，摆放是否整齐；外表面有无灰尘、锈蚀、形变、破损等；有无跑、冒、滴、漏现象；外部螺栓有无松动现象；检查各类标识牌是否齐全，有无缺失。

2）电源电缆盘放是否整齐，各相颜色区分是否正确，有无破损，线头包裹是否完好，接线端子有无损坏、缺失。

3）信号电缆盘放是否整齐，接线端子有无损坏、缺失，线头包裹是否完好。

（2）控制柜。

1）外观。检查控制柜是否摆放在固定位置，摆放是否整齐，外表面有无灰尘、锈蚀、形变、破损等，玻璃是否完好、无裂纹，柜体开关转动是否灵活，密封条粘贴是否牢固，把手是否缺失、损坏，各类标识牌是否齐全，有无缺失。

2）电气仪表：电流、电压表是否完好无损坏。

3）接线端子螺栓是否缺失，应紧固无松动。

4）接地线有无缺失。

2. 月试内容

（1）潜水电泵。

1）用兆欧表检测电机绝缘情况，阻值应不小于 $2M\Omega$，相与相之间为通路。

2）用万用表检测，定子超温信号线为通路，电机室泄漏信号线为断路，油室泄漏信号线为断路。

3）进水滤网内是否清洁、无杂物、变形。

4）叶轮无损坏、锈蚀、形变、气蚀，转动灵活。

5）正确连接控制柜电源线、信号线和电源电线，开启 $1\sim3s$，水泵运行正常无异响。

（2）控制柜。

1）用万用表电阻挡测量主电路、控制回路、导线间连接完好，无断路，相间无短路。

2）电线无损坏、裸露、老化、烧蚀现象。

3）连接水泵线、电源线空载运行 $1\sim3s$，电压表读数为 $380\sim400V$，电流表读数为 $15\sim25A$，指示灯无故障显示。

1.5.2　设备运行管理

1. 现场安全管理

（1）现场设立安全员，将责任落实到人，保障人员和设备的安全。

（2）现场安全员负责监督现场安全执行情况，做好监督检查工作。

（3）作业现场应设置围挡，在相应位置设立安全警示牌。

（4）现场作业人员必须配戴安全帽等必要的安全防护用品；听从监管，严禁违章操作。

（5）现场起重吊装等特种作业人员应持证上岗，并做好现场安全监护；特种作业证应在有效期内。

（6）现场夜间须配备照明设施等，临时用电须符合相关安全用电要求。

（7）做到 24h 不间断值班，定时检查机组运行状况，保障机组安全运行，发现问题及时处置，做好防雨水措施。

（8）现场设备应有序摆放，附件摆放整齐；工器具使用后应及时清洁归还，摆放在相应工具箱中。

（9）合理设置进出水渠道，做好管路支撑。

（10）合理配备运行值班人员，做好交接班管理。

2. 现场消防管理

（1）现场必须配置安全消防器材。

（2）每天检查消防器材的完好性，若有损耗应及时补充。

（3）保障消防通道畅通。

（4）临时工棚等现场设施应符合消防要求。

（5）施工现场应文明施工，做好舆论宣传工作。

（6）施工现场应设置抢险物料及辅助用品摆放区，不得侵占场内应急通道或影响其他安全防护设施使用等。

3．现场应急处置

（1）作业现场可能发生的主要事件有触电伤害、机械伤害和消防安全。

（2）触电急救。用正确方法使触电者及时、迅速脱离电源，立即就地进行心肺复苏，坚持到医护人员的到来；同时拨打120电话向急救中心求助，并向上级汇报情况。

（3）机械伤害。遇到此类创伤性事故，应立即进行现场应急止血，固定受伤部位，同时拨打120电话向急救中心求助，并向上级汇报情况，防止病情加重。

（4）消防安全。现场发生火灾后，应立即切断现场电源，在确保人员不受伤害的前提下迅速组织扑救，同时拨打救援电话119，并向上级汇报。在等待救援的同时组织人员物资有序撤离，先人后物。

（5）在救援结束后及时查明事故发生原因并整改到位，避免再次发生类似灾害。

1.5.3 设备检修维护

1．检修方式与检修周期

（1）检修方式一般分为一级保养、二级保养和三级保养3种方式。

（2）检修周期。设备累计工作50h开展一级保养；设备累计工作250h开展二级保养；设备累计工作1000h开展三级保养。

2．检修项目与检修内容

（1）一级保养（累计工作50h，约6个台班）。

1）清洗潜水电泵表面的泥土及灰尘，将潜水电泵上电缆线以及信号线擦拭干净。

2）检查潜水电泵的外观有无形变，并做相应记录。

3）检查潜水电泵护罩有无破损，表面螺栓有无松动，并及时做好记录。

4）检查潜水电泵的主电缆以及信号线有无破损，并及时做相应记录。

5）检查并记录好潜水电泵的主电缆和信号线的各接线端子有无缺失。

6）用兆欧表测量三相绕组相间以及相地绝缘值，三相绕组相间为通路，相地绝缘应大于2MΩ。

7）潜水电泵检修结束后应把电源线及信号线盘整好，并用绑带扎好。

8）检查潜水电泵控制柜内断路器、交流接触器等电气元件是否完好。

（2）二级保养（累计工作250h，约31个台班）。

1）包含一级保养的所有内容。

2）根据记录做好维修，要求做到进水滤网完好、螺栓齐全、紧固无滑丝。

3）潜水电泵电缆线及信号线若表皮破损可用对应颜色的绝缘胶带包裹好，若伤及内部电缆，则应并入大修。

4）配齐潜水电泵的主电缆及信号电缆缺失的各接线端子。

5）检查潜水电泵的叶轮有无气蚀或者磨损，若气蚀或磨损严重应及时更换。

6）更换老化破损的电缆线及信号线。

7）更换控制柜内损坏的电气元件。

（3）三级保养（累计工作 1000h，约 125 个台班）。

1）包括设备二级保养全部内容。

2）潜水电泵的拆卸步骤。

a. 拆卸导流罩上固定电动机的螺栓，拆卸固定电缆的密封垫、固定座等。

b. 拆卸导流罩与导叶体的螺栓，取下导流罩。

c. 拆卸电动机上端盖电缆线、信号线的固定螺栓，取下密封圈。

d. 拆卸上端盖与定子的紧固螺栓，在上端盖两边工艺孔安装两个螺栓平衡撑起上端盖，拆解水泵电源线、信号线与感应元件连接线。

e. 拆除定子外壳与导叶体连接螺栓，取出绝缘垫板，平衡吊起定子外壳，不得损坏油室泄漏感应信号线。

f. 放净油室里的机械油，观察油质情况。

g. 拆除进水滤网。

h. 拆除水泵叶轮。

i. 吊起转子，拆除导叶体，拆除机械密封。

j. 拆下轴承压盖螺栓，拆下轴承座，拆下上下轴承。

k. 拆解完成后，检查水泵电源线和信号线破损情况，检查电源线绝缘、定子线圈绝缘，检查定子超温保护、电机室泄漏、油室泄漏信号感应元件是否完好，检查叶轮气蚀、叶片残缺，检查轴承与轴承座配合，清洗各部件，损坏部件需修复或更换。

3）潜水电泵的装配步骤。

a. 压盖、下轴承、下轴承座与转子主轴的连接，并加注润滑脂。

b. 安装机械密封，调整上密封圈与固定架间隙、镜面相合。

c. 转子主轴与导叶体连接，下密封圈与镜面相合。

d. 安装叶轮、防松垫、固定螺母，拧紧防松螺柱，使叶轮转动灵活。

e. 安装进水滤网，使叶轮转动灵活。

f. 装好 O 形密封圈，连接定子外壳下端、下轴承轴、导叶体，注意电机室泄漏、油室泄漏感应元件位置在同一侧，输出线引导上端口。

g. 加注机械油，油位达到油室 2/3 位置，检测油室密封良好。

h. 检测定子与转子同心、间隙、摆度是否符合标准。

i. 连接水泵电源线、信号线，检测电机绝缘及信号感应元件是否完好。

j. 安装 O 形密封圈、绝缘垫板，盖上上端盖，压紧上端盖螺母。

k. 将电源线、信号线压紧在上端盖。

l. 进行气密性试验。

m. 安装导流罩。电机支撑螺栓平衡固定。

n. 水泵电源线、信号线固定压紧。

o. 检测叶轮转动灵活、电机绝缘及信号感应元件是否完好。

p. 空载试运行。

q. 泵体、叶轮喷漆防腐。

r. 标明安全警示标志、编号、旋转方向、管理信息等。

4）检修质量标准。

a. 导流罩、导叶体、进水滤网无锈蚀、损坏、变形。

b. 水泵叶轮无明显气蚀，叶片无残缺。

c. 水泵叶轮喷红丹防锈漆。

d. 水泵螺栓齐全，为不锈钢螺栓，紧固无滑丝。

e. 外壳防腐完好，外观无形变，安全标识、编号等清晰。

f. 主轴表面光滑，无划痕损伤，转子表面清洁无油污。

g. 机械密封完好，机械油无乳化，油室油位正常。

h. 电机内部干燥，电机绝缘大于 $2M\Omega$。

i. 定子超温保护、电机室泄漏、油室泄漏信号感应元件完好。

j. 电机电缆及信号电缆无破损、硬伤。

k. 电机电缆及信号电缆的各接线端子完好。

叶轮及进水滤网检修工艺与质量要求见表 1.3，电动机检修工艺与质量要求见表 1.4。信号检测系统的检修工艺与质量要求见表 1.5。

表 1.3　　　　　　　　　　　叶轮及进水滤网检修工艺与质量要求

检 修 工 艺	质 量 要 求
检查叶轮气蚀情况：观测若无气蚀或无明显气蚀则不予更换；若气蚀严重则必须更换叶轮	更换的叶轮应符合零部件完好标准
进水滤网破损情况：如若无明显锈蚀或无明显变形则不做处理，若锈蚀严重或形变严重则必须更换	质量符合要求

表 1.4　　　　　　　　　　　电动机检修工艺与质量要求

检 修 工 艺	质 量 要 求
检查电动机定子绕组槽部情况：出口槽有无损坏或松动，如有应更换或及时拧紧；检查超温检测元件有无损坏	线棒出口槽无损坏，垫块无松动，超温检测元件完好
清理：用压缩空气吹扫灰尘，铲除锈斑，用专用清洗剂清除油垢	干净、无锈迹
检查轴颈表面有无轻微伤痕、锈斑等缺陷，如有应做抛光处理	粗糙度满足设计要求
干燥：常用的措施如下： （1）吹热风：利用电热器的鼓风机吹热风以达到干燥处理的目的 （2）灯泡烘烤：在密闭箱内，利用数个 200W 左右的灯泡进行烘烤。注意烘烤温度不能过高，应控制在 125℃ 以下 （3）电流干燥：可根据潜水泵的阻抗和电源的大小将电动机三相绕组串联或并联，然后接入一可变电阻器，调整电流量为额定电流值的 60% 左右，通电干燥	干燥后绝缘电阻应大于 $2M\Omega$
油室应进行渗漏实验	保持 4h 无渗漏
油室安装充油后，发现有局部漏油现象，密封体应紧固或更换密封件	充油后不应漏油

表 1.5 信号检测系统的检修工艺与质量要求

检 修 工 艺	质 量 要 求
检查潜水电泵内各检测元件及相应线路	完好
检查超温信号元件，湿度信号元件，泄漏信号元件的实际运行情况，如有问题应及时做相应处理	满足设备设计要求

（4）检修安全注意事项。

1）必须严格执行操作规程及安全规定。

2）必须保证安全、可靠接地。

3）拆检设备前必须切断电源，在电源处挂上"禁动牌"标志后方可开始检修。

4）拆装设备做到文明施工。

1.6 常 见 故 障 与 排 除

潜水电泵在运输、安装、使用过程中可能会发生一些故障，这些故障如果不能及时排除，将会影响防汛抗旱应急抢险任务的完成。在防汛抗旱应急抢险任务中遇到的主要问题有以下几个。

（1）潜水电泵出水流量不足或不出水。

1）在潜水电泵安装好第一次开机，潜水电泵反转造成不出水时，应将潜水电泵电源线任意两相调换。

2）如果是在运行中发现潜水电泵出水口流量偏小或不出水，应立即停机检查进水滤网是否堵塞。

3）水泵叶轮脱落或变形，应通过紧固或更换叶轮排除故障。

（2）潜水电泵运行过程中控制柜过载或超温保护动作（WC）灯亮。

1）检查控制柜过载、超温故障指示灯、电流表计数、电压表读数、潜水电泵进水滤网。

2）扬程、流量与额定点偏差较大。

3）抽送流体的密度较大或黏度较高。

4）供电电压偏低，应联系当地供电部门解决。

5）潜水电泵机组不明原因运行异常，应检测潜水电泵控制柜线路与电子保护模块；潜水电泵运行异常则应停止运行，更换潜水电泵，并在汛后大修拆解时对潜水电泵轴承等进行检修或更换。

（3）潜水电泵运行过程中控制柜泄漏灯亮。

1）若潜水电泵运行过程中，控制柜油室泄漏故障灯（YC）亮，导致潜水电泵停止运行，应检查故障指示灯和控制柜电子保护模块。潜水电泵电机进水故障，则应通过拆解电机，对密封圈或相应零部件进行更换。

2）若潜水电泵运行过程中，控制柜电机室泄漏故障灯（XL）亮，导致潜水电泵停止运行，则表示潜水电泵电机侧的机械密封损坏，电机腔进水。除检查和修理机械密封外，还应旋开电机壳下部的放水螺塞排空泄漏集积腔内的液体。

（4）潜水电泵控制柜缺相。潜水电泵因控制柜缺相故障出现停机保护，应逐一排查修复输入电源缺相、水泵缺相、接触器触点、电子保护模块、缺相感应线圈等。

（5）现场抢险过程中运输或安装时出现故障。若因控制柜监测信号装置出现故障导致不能正常开机，应在确认电机绝缘完好的情况下，优先启动潜水电泵排水。

第 2 章

柴油机泵机组

2.1 设备概述

柴油机泵机组是能够搬运、移动到现场，使用柴油发动机作为动力来源的抽水设备。柴油机泵机组主要包括柴油机、混流泵、进出水管，如图 2.1 所示。

图 2.1 柴油机泵机组

常用柴油机泵机组中柴油机型号主要有 495 型和 295 型两种，混流泵型号主要有 300HW－8 型、300HW－10.5 型、350HW－8 型三种卧式混流泵，进出水管道有铁皮水管、软管、波纹管等。

柴油机泵机组广泛应用于防汛抗旱、应急抢险、排除涝水、缓解旱情等，为保障江苏省水利事业发展发挥了重要作用。

2.2 基本结构

2.2.1 整机图示

柴油机泵机组整机图示如图 2.2 所示。

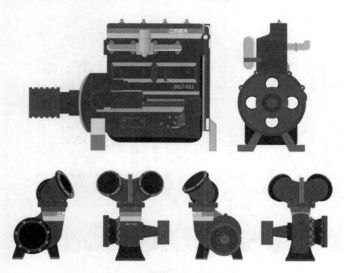

图 2.2　柴油机泵机组整机图示

2.2.2　柴油机基本原理和主要结构

　　495 型和 295 型柴油机的主要结构基本相同，由机体、两大机构（曲柄连杆机构、配气机构）、四大系统（燃料供给系统、润滑系统、冷却系统和启动系统）组成。机体是组成柴油机的框架，由汽缸体、曲轴箱组成。曲柄连杆机构由活塞连杆组、曲轴飞轮组等部分组成。配气机构由气门组、气门传动组、气门驱动组组成。燃油供给系统包括燃油供给装置、空气供给装置、混合气形成装置和废气排出装置。润滑系统由机油供给装置和滤清装置组成。冷却系统包括散热器、混流泵、风扇等。启动系统包括启动电动机或启动内燃机、传动机构，如图 2.3 所示。

　　495 型和 295 型柴油机均为四冲程柴油发动机。四冲程柴油发动机曲轴旋转 720° 完成一个工作循环，由进气、压缩、做功、排气 4 个行程组成，如图 2.4 所示。

　　（1）进气冲程。作用是将空气吸入汽缸。进气行程开始时，进气门开启，排气门关闭，曲轴转动使活塞由上止点向下止点运动。活塞上方容积增大，汽缸内产生真空吸力，空气在压力差的作用下被吸入汽缸内。曲轴转过半周，活塞行至下止点，进气门关闭，进气行程结束。

　　（2）压缩冲程。作用是提高空气的温度，为燃料自行发火做准备；并为气体膨胀做功创造条件。压缩行程开始时，进、排气门关闭，曲轴继续转动，活塞从下止点向上止点运动。活塞上方容积缩小，使其温度和压力升高。曲轴转过第二个半周，活塞到达上止点，压缩冲程结束。

　　（3）做功冲程。作用是使压缩终了时的可燃混合气燃烧后膨胀做功。当活塞接近上止点时，喷油器向汽缸内喷油，柴油和高温高压的空气相遇立即燃烧。高压燃气推动活塞由上止点向下止点运动，把热能变成动能，通过连杆使曲轴旋转而对外做功至活塞到下止点时，做功结束。

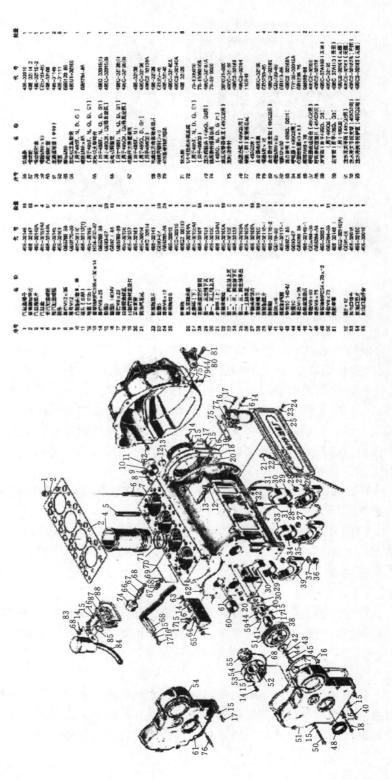

图 2.3　495 型柴油机机体总成

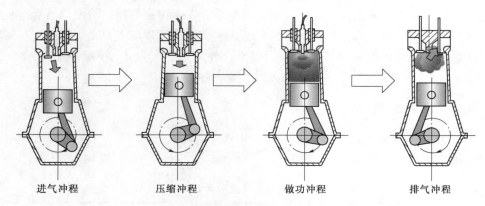

进气冲程   压缩冲程   做功冲程   排气冲程

图 2.4　四冲程柴油发动机行程

（4）排气冲程。作用是排除汽缸内膨胀做功后的废气。排气冲程开始时，进气门仍关闭，排气门开启，曲轴继续转动使活塞由下止点向上止点移动，把膨胀做功后的废气挤出汽缸，曲轴转过第四个半周，活塞到达上止点，排气冲程结束。

2.2.3　混流泵基本原理和主要结构

混流泵的基本构造是由五部分组成，分别是叶轮、泵壳、泵轴、轴承和填料密封装置，如图 2.5 所示。叶轮是混流泵的核心部分，它转速高、出力大，叶轮上的叶片起到主要作用。泵体也称泵壳，是混流泵的主体。起到支撑、固定作用，与安装轴承的托架相连接。泵轴借带轮和皮带，将柴油机的转矩传给叶轮，是传递机械能的主要部件。轴承的作

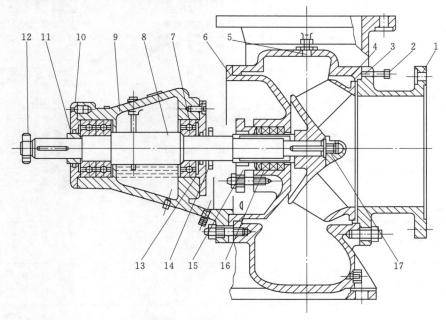

图 2.5　混流泵的基本构造

1—泵盖；2—螺钉；3—叶轮；4—泵体；5—丝堵；6—尾盖；7—轴承；8—轴；9—轴承体；10—后盖；
11—挡套；12—圆螺母；13—前盖；14—挡水圈；15—填料压盖；16—填料；17—叶轮螺母

用是支撑机械旋转体，降低其运动过程中的摩擦系数，并保证其回转精度。填料函主要由填料、水封环、填料筒、填料压盖、水封管组成。填料函的作用主要是封闭泵壳与泵轴之间的空间隙，不让泵内的水流到外面来，也不让外面的空气进入泵内，保持混流泵内的真空。

2.2.4　设备参数

1. 柴油机主要技术参数

柴油机主要技术参数见表 2.1。

表 2.1　　　　　　　　　　　　　　柴油机主要技术参数

柴油机型号	扬柴 495G1 型	苏动 295 型
形式	四缸立式四冲程	双缸立式四冲程
汽缸数	4	2
汽缸直径/mm	95	95
活塞行程/mm	115	115
12h 功率	50hp（约 37kW）	25hp（约 18.39kW）
12h 功率时转速/(r/min)	2000	2000
12h 功率时燃油消耗/(g/hp·h)	≤195	≤190
12h 功率时机油消耗/(g/hp·h)	≤5	≤5
曲轴旋转方向	面向飞轮端为逆时针	面向飞轮端为逆时针
启动方式	电启动	手摇
柴油机外形尺寸/mm	长 825，宽 620，高 811	长 675，宽 525，高 985
柴油机净重/kg	320	220
12h 功率工况下各种温度和压力范围	冷却水温度：70～85℃ 机油温度：≤95℃ 机油压力：1.5～3kg/cm²	冷却水温度：60～85℃ 机油温度：≤95℃ 机油压力：1～4kg/cm²
最低转速机油压力/(kg/cm²)	≥0.5	≥0.5
汽缸点火顺序	1-3-4-2	1-2
油底壳机油容量/L	15	7.5
柴油标号	夏季：0 号柴油 冬季：－10 号柴油	夏季：0 号柴油 冬季：－10 号柴油
机油标号	夏季：CD 15W－40 冬季：CD 10W－30	夏季：CD 15W－40 冬季：CD 10W－30

注　1kg/cm² = 10⁵Pa。

2. 混流泵主要技术参数

混流泵主要技术参数见表 2.2。

表 2.2   混流泵主要技术参数

混流泵型号	300HW－8型	300HW－10.5型	350HW－8型
扬程/m	8	10.5	8
吸程/m	4	4	4
流量/(m³/h)	792	792	980
转速/(r/min)	970	970	970
配套功率/kW	20	37	30
出水位置	上出水	上出水	上出水

3. 进出水管技术参数

进出水管根据管径与相应口径的混流泵配套使用，可分为铁皮水管、软管、波纹管三类。铁皮水管有 $\phi12in$ 重 35kg、$\phi14in$ 重 50kg 两种型号，标准长度为 2m。另外，还配置少量 1m 长度的铁皮水管。软管为 $\phi12in$，25m 长、50m 长等多种长度。波纹管为 $\phi8in$、6m 长，两端带法式保尔快速接头，使用一分二接头连接。

2.3 设 备 使 用

2.3.1 启封技术要求

（1）移除柴油机泵防尘罩，检查柴油机进、排气是否正常，盘动带轮，观察转动是否灵活，如图 2.6 所示。

（2）检查柴油机机油，看机油液面是否在机油尺上下刻度线之间，如果机油过低及时加注机油，如图 2.7 所示。

图 2.6 盘动带轮   图 2.7 检查机油

（3）检查柴油机各部件有无跑、冒、滴、漏现象，如有应及时检查问题部位并加以解决，如图 2.8 所示。

（4）检查混流泵注油孔有无堵塞，润滑是否正常，检查混流泵填料函是否正常、松紧度是否合适。

（5）应及时检查出机随机工器具及输水管等连接附件是否正常，有无缺失、锈蚀等情况。

2.3.2　装车技术要求

（1）接到任务后，应按标准有序装车。

（2）注意设备附件的配套情况。如潍柴495P 应配 12in 混流泵、集成化底座、柴油机工具箱、进水底阀、接管螺栓，输水硬管、软管、法兰等其他基础附件均按 495 型柴油机泵标准配置。

图 2.8　检查各部件

（3）柴油机、混流泵等在装车时应固定好位置，避免因颠簸等原因致其损伤或损坏。

（4）其他附件装车时应配套完善，包括一台柴油机、一台混流泵、一台小混流泵（含附件）、一个工具箱、一盆接管螺栓、一个进水底阀、一个 90°弯头、一个 45°弯头，输水硬管、输水软管、法兰等根据现场实际情况确定。

（5）在装车完成后，应由现场负责人确认装车清单，在确认无误后履行好设备交接手续。

2.3.3　安装技术要求

（1）柴油机泵机组需要安装场地平整，至少要有 2m×2m 大小的作业空地，且保证场地平整。架设方法如图 2.9 所示。

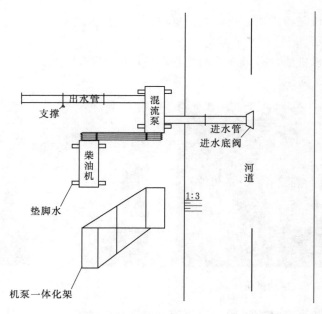

图 2.9　柴油机泵机组架设方法

（2）柴油机泵安装需要考虑设备额定扬程与实际架设扬程的关系，实际扬程应不大于额定扬程。

（3）安装架设时实际吸程应不大于额定数值。

（4）混流泵进水底阀止水叶应垂直于水面。

（5）进出水管应位于混流泵两侧且大体平行。

（6）柴油机与混流泵应大体错位且平行，皮带松紧度适中。

（7）混流泵不应抽排含大量泥沙的泥浆水或腐蚀性的污水。

（8）在地形复杂或周围都是水的情况下，一定要保证机泵带轮露出水面，可采取多种形式架设（船、平板车等）。

（9）应有专人看护柴油机泵机组，定时检查柴油机和混流泵的运行工况。

2.4　操　作　步　骤

2.4.1　安装

1. 机组安装

柴油机泵机组安装形式如图2.10～图2.12所示。

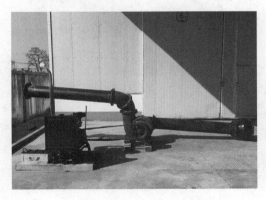

图2.10　分体式安装

图2.11　机泵一体化架安装（一）

（1）检查柴油机和混流泵应无损坏，所有配件应完好、齐全。

（2）根据现场实际状况调整柴油机泵进出水弯头方向，如图2.13所示。

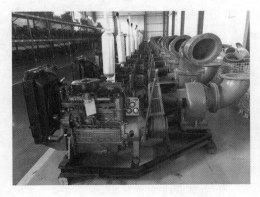

图2.12　机泵一体化架安装（二）

图2.13　调整进出水弯头方向

（3）将柴油机混流泵安放在机泵一体化架上或垫脚木上。注意柴油机与混流泵的转向，大体错位对齐，并装上皮带。

（4）校正混流泵与柴油机的位置，使柴油机与混流泵的带轮在同一直线上，并注意两者安装高度。

（5）位置确定后注意紧固位置螺栓，固定住柴油机与混流泵，使带轮上的皮带紧固。

（6）在机泵一体化架或地脚木位置打桩固定，避免柴油机运转过程中产生位移松动。

（7）混流泵进出水管路应另外架设支撑，不得悬空或用泵本体进行支撑。

（8）混流泵进出水管轴线位于泵体两侧且大体平行，防止出水时混流泵失稳，如图2.14 和图 2.15 所示。

图 2.14　安装进水管

图 2.15　安装出水管

（9）柴油机混流泵与管路之间的接合面，应保证良好的气密性，尤其是进水管路，必须保证严格的不漏气。

（10）混流泵进水口的进水底阀处，底部拍门应竖直放置，确保灌水后不漏水，如图2.16 和图 2.17 所示。

2. 管路安装

（1）所有管道接头处必须有垫片，确保管路的气密性。

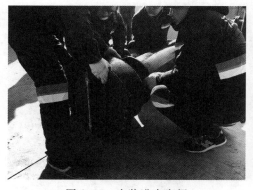
图 2.16　安装进水底阀

图 2.17　底部拍门竖直放置

（2）铁皮管在安装时要注意管道的悬空问题，避免因水压而损坏管道。

（3）使用一分二三通接头和波纹管时，要注意波纹管安放位置，避免出现混流泵架设过密使管路堆叠的情况。

（4）使用涂塑软管时，软管接头与软管连接处应用卡箍或铁丝扎紧，避免出现漏水或者崩开的情况。

（5）所有管路均不得出现打结或者急转情况；否则会影响出水量，增加设备负荷，管路应尽量优化。

2.4.2　运行

1. 运行操作步骤

（1）检查机油、燃油、冷却水，确保各项参数正常。

（2）排除油路中的空气。

（3）在电瓶启动马达、进水管灌满水的情况下，使得调速手柄处于中间预紧位置，按下减压手柄，电源开关打开。

（4）用启动开关接通电源，待机器空转后，放开减压手柄。

（5）启动后应观察柴油机的机油压力及冷却水（机油压力应在 0.2～0.4MPa 内）。

（6）机器运转 5min 后待水温升到 50℃ 以上方能投入负荷工作，机器额定转速为 1000r/min。

（7）柴油机运转过程中应注意柴油机的排烟、排热状态的声音，注意机油压力、冷却水是否在允许范围内，保证机器安全运行。

（8）柴油机的运转过程中，应安排专门人员现场巡视，发现情况立即报告处理。

2. 运行注意事项

柴油机泵机组运行是否正常主要依靠运行管理人员对其进行监测，通常是以"听、摸、看、闻"等监测手段来判断柴油机泵的运行情况。

（1）注意听柴油机泵运行时发出的声音。

（2）听柴油机泵运行声音是否均匀。

（3）听各汽缸燃油的燃烧声。

（4）听连杆、曲轴配合的撞击声是否正常。

（5）听喷油泵调速器和柴油机的传动机构有无异常。

（6）听进气门和排气门有无异响。

（7）注意触摸主要部件表面温度。

（8）摸各汽缸排气支管的温度是否一致。

（9）摸汽缸盖出水管的温度是否正常。

（10）摸柴油机外壳、混流泵轴承箱的温度是否正常。

（11）摸燃烧室外部机体和各自由式缸盖的温度是否一致。

（12）注意观看各仪表指示和柴油机排烟情况。

（13）看柴油机排烟的颜色，正常应为淡灰色烟，黑色、白色、蓝色的烟都视为不正常。

（14）看柴油机仪表盘，观测油压指示是否在规定的范围内，自然吸气柴油机的机油压力运行期间一般在 0.2～0.4MPa 之间，刚启动时可达 0.4～0.6MPa，机油压力低于 0.1MPa 时严禁使用。

（15）看柴油机运行的油温是否在 65～85℃内。

（16）看柴油机运行的水温是否在 65～85℃内。

（17）看有无漏水、漏油等情况，特别是喷油泵及低压、高压油路有无漏油。

2.4.3　停机

（1）停机时，应逐渐卸去负荷。

（2）至混流泵停止出水，分开离合器，低速空转 3min 后，扳动停车手柄，切断供油，使柴油机停止。

（3）在冬季气温低于 5℃时，应及时排出水箱及机体冷却水。

2.5　设　备　管　理

2.5.1　设备日常管理

柴油机泵机组在日常管理中严格按照周检月试管理模式，每周一次周检，每月试运行一次，若设备数量较多，可合理安排到每月进行，每年应在汛前汛后进行定期检查。

1. 柴油机周检内容

（1）外观，检查柴油机是否存放在固定位置，摆放是否整齐；外表面有无灰尘、锈蚀、形变、破损等；有无跑、冒、滴、漏现象；外部螺栓有无松动现象；检查各类标识牌是否齐全，有无缺失。

（2）润滑系统，检查机油油位是否在标尺两刻线之间，不足的及时补足；有无乳化现象。

（3）冷却系统，检查水箱及各连接管道部件有无漏水及老化开裂现象；检查风扇皮带张紧度。

（4）燃油系统，检查燃油油路各连接部位有无漏油现象；油泵阻塞有无卡滞。

（5）检查带轮、离合器及减压部件是否完好。

（6）检查线路、仪表、启动开关等部件是否完好，有无松动。

（7）检查保养是否及时，机油油质是否在有效期内，检查发现问题是否整改到位。

2. 混流泵周检内容

（1）外观。检查设备是否存放在固定位置，摆放是否整齐；外表面有无灰尘、锈蚀、形变、破损等；有无跑、冒、滴、漏现象；外部螺栓有无松动现象；检查各类标识牌是否齐全，有无缺失。

（2）检查混流泵填料函情况。

（3）检查叶轮、带轮及轴承，转动有无卡滞，观察叶轮有无气蚀现象。

（4）检查轴承箱油位油质，有无缺失和乳化。

3. 柴油机泵月试内容

（1）检查柴油机机油、燃油、冷却水、电瓶连接情况。

（2）排除油路空气。

（3）开机启动，检查启动机、发电机是否完好。

（4）检查机油压力是否正常。

（5）检查冷却系统是否完好。

（6）检查机组开停机、排烟、异响、油路、水路等有无异常。

（7）试运行时间不少于 30min。

（8）检查试运行后进行清洁，摆放到固定位置，排放整齐。

（9）检查试运行记录是否完整。

（10）试运行中发现问题是否整改到位。

4. 混流泵月试内容

（1）清洁进出水法兰及弯头表面。

（2）连接弯头、管道、混流泵底阀等，正确安装，管路密封完好。

（3）检查三角带松紧度及轴承箱油位。

（4）向混流泵内灌水，开机试运行，检查有无异响。

（5）检查出水情况及轴承箱温度。

（6）试运行时间不少于 30min。

（7）检查试运行后进行清洁，摆放到固定位置，排放整齐。

（8）检查试运行记录是否完整；试运行中发现问题是否整改到位。

5. 柴油机泵机组定期检查

柴油机泵每年应在汛前汛后进行定期检查。柴油机泵定期检查内容如下。

（1）包含柴油机周检月试的全部内容。

（2）包含混流泵周检月试的全部内容。

（3）柴油机泵出机附件检查。

1）柴油机泵随机工具箱应统一存放、集中保管。

2）柴油机泵随机工具应在汛前汛后由专人进行检查，对照工具箱清单逐个检查，并做相应检查记录，及时补充损坏缺失的工具。

3）柴油机泵连接管路（铁皮水管等）应在每年汛前汛后各检查一次，铁皮水管应每五年至少喷漆防腐一次，每次使用后防腐一次。

4）柴油机泵进水底阀、进水弯头、法兰等应每年至少检查保养一次，每五年至少喷漆防腐一次，每次使用后防腐一次。

5）柴油机泵管路连接螺栓应每年检查一次，使用后重新检查配备。

6）柴油机泵灌水设备（小混流泵）每年汛前试运行一次。

2.5.2　设备运行管理

1. 现场安全管理

（1）现场设立安全员，将责任落实到人，保障人员和设备的安全。

（2）现场安全员负责监督现场安全执行情况，做好监督检查。

（3）作业现场应设置围挡，在相应位置设立安全警示牌。

（4）现场作业人员必须配戴安全帽等必要的安全防护用品；听从监管，严禁违章操作。

（5）现场起重吊装等特种作业人员应持证上岗，并做好现场安全监护；特种作业证应在有效期内。

（6）现场夜间需配备照明设施等，临时用电须符合相关安全用电要求。

（7）做到 24h 不间断值班，定时检查机组运行状况，保障机组安全运行，发现问题及时处置，做好防雨水措施。

（8）现场设备应有序摆放，附件摆放整齐；工器具使用后应及时清洁归还，摆放在相应工具箱中。

（9）保持机组中速运行，水管满管出水。

（10）合理设置进出水渠道，做好管路支撑。

（11）合理配备运行值班人员，做好交接班管理。

2. 现场消防管理

（1）现场必须配置安全消防器材。

（2）每天检查消防器材的完好性，若有损耗应及时补充。

（3）燃油、机油等位置应有明显消防标识标牌。

（4）保障消防通道畅通。

（5）临时工棚等现场设施符合消防要求。

（6）施工现场应文明施工，做好舆论宣传，展现单位形象。

（7）施工现场应设置抢险物料及辅助用品摆放区，不得侵占场内应急通道或影响其他安全防护设施使用等。

3. 现场应急处置

（1）作业现场可能发生的主要事件有触电伤害、机械伤害和消防安全。

（2）触电急救。用正确方法使触电者及时迅速脱离电源，立即就地进行心肺复苏，坚持到医护人员的到来；同时拨打 120 电话向急救中心求助，并向上级汇报情况。

（3）机械伤害。遇到此类创伤性事故，应立即进行现场应急止血，固定受伤部位，同时拨打 120 电话向急救中心求助，并向上级汇报情况，防止病情加重。

（4）消防安全。现场发生火灾后，应立即切断现场电源，在确保人员不受伤害的前提下迅速组织扑救，同时拨打救援电话 119，并向上级汇报。在等待救援的同时组织人员物资有序撤离，先人后物。

（5）在救援结束后及时查明事故发生原因并整改到位，避免再次发生类似灾害。

2.5.3　设备保养检修

1. 柴油机的保养周期

（1）一级保养（累计工作 50h，约 6 个台班）。

（2）二级保养（累计工作 250h，约 31 个台班）。

（3）三级保养（累计工作 1000h，约 125 个台班）。

柴油机的保养项目见表 2.3。

表 2.3　　　　　　　　　　　　　柴油机保养项目

保养类别	序号	保养项目
一级保养	1	检查油底壳、喷油泵中机油油面，若油面升高应找出原因并排除，若机油不足应补加到规定值
	2	检查水箱内冷却水平面，若不足应加满。当气温可能低于 5℃ 时，应将冷却水更换为防冻液
	3	检查并紧固柴油机外露螺栓、螺母，排除漏油、漏水、漏气现象
	4	清除柴油机外部的泥垢、积尘和油污，用压缩空气清除空气滤芯积尘
	5	检查调整风扇皮带的张紧度
	6	向冷却混流泵轴承加注润滑脂
	7	保养后，启动柴油机检查其运行情况，排除所发现的故障和不正常现象
二级保养	1	一级保养的全部项目
	2	更换机油，清洗油底壳和机油集滤器
	3	清洗机油滤清器，更换滤芯
	4	更换喷油泵内的机油
	5	清洗燃油箱、输油泵滤网及管路。更换柴油滤芯
	6	用压缩空气吹净发电机内的积尘，检查各部件是否正常，对不正常部位进行处理
	7	调整气门间隙，并检查气门弹簧
	8	检查喷油器的开启压力和雾化质量，必要时加以调整
三级保养	1	二级保养的全部项目
	2	清洗冷却系统，去除水垢
	3	清洗机油冷却器
	4	更换空气滤芯和柴油滤芯
	5	拆检汽缸盖，检查气门密封性，清除积炭，视情况研磨气门
	6	检查汽缸盖螺栓、主轴承螺栓、连杆螺栓的坚固情况，对扭紧力矩不足者，重新扭紧到规定值
	7	检查冷却混流泵，更换润滑脂，必要时更换水封
	8	检查发电机、启动电机，清洗维修加注新润滑脂
	9	检查喷油泵，调整供油提前角，视情况调整喷油泵
	10	检查柴油机电器仪表及线路

2．柴油机的技术保养内容

（1）库存的柴油机，机油、三滤宜每两年更换一次。

（2）每次抗旱排涝使用后，应更换机油、机滤一次，检查柴油滤清和空气滤清；封存的柴油机至少每 6 个月试运行一次。

3．柴油机的冬季技术保养

在温度低于 5℃ 时，柴油机的使用必须给予特别维护。

（1）把机油燃油更换为 10W/30 号机油和 -10 号燃油。

（2）冷却系统加注防冻液；如使用天然水，停机后待水温降到 40～50℃，将冷却水放掉。

（3）在严寒季节和地区，柴油机启动时将冷却水、机油加热，以预热机体，启动时使用预热装置。

4．混流泵的保养周期

（1）一级保养（累计工作 120h，约 15 个台班）。

（2）二级保养（累计工作 250h，约 31 个台班）。

（3）三级保养（累计工作 1000h，约 125 个台班）。

5. 混流泵的保养内容

混流泵的保养内容见表 2.4。

表 2.4　　　　　　　　　　　　混 流 泵 的 保 养 内 容

保养类别	序号	保　养　项　目
一级保养	1	检查并添加填料
	2	检查轴承箱油位，按需添加机油
	3	检查传动装置，包括带轮、联轴器同心度等
	4	检查底部放水螺钉缺失和松紧度
	5	运行时，检查调整滴水数，一般为 40～60 滴/min
	6	检查外部紧固情况
二级保养	1	一级保养的全部项目
	2	清洗混流泵内外部，并加油
	3	更换填料，检查护轴套
	4	清洗、检查或更换轴承，并换油
	5	检查或更换泵轴，调整叶轮间隙（0.37～0.78cm）
	6	检查并调整泵轴与柴油机同轴度，检查或更换皮带
	7	检查并修理各部件密封
三级保养	1	二级保养的全部项目
	2	解体检查混流泵各部件的磨损情况
	3	检查叶轮气蚀及同心度情况，根据测量结果进行维修或更换
	4	对叶轮、泵体内部进行防腐
	5	装配混流泵，更换护轴套
	6	对混流泵外部进行防腐
	7	运行调试混流泵各项性能
	8	检查补充各类标志和标识

6. 柴油机泵机组附件的维保

（1）柴油机泵机组附件包括水管（铁皮水管、波纹管、软管等）、进出水弯头、混流泵底阀、接管垫片、工具箱、接管螺钉等。

（2）柴油机泵机组出机附件一般每年进行两次维保，做好油漆防腐。

（3）出机连接附件维保应安排专人定期检查，检查附件数量及质量，由责任人签字确认后封存。

7. 柴油机泵的检修

（1）柴油机泵的常规检修。

1）柴油机的常规检修指柴油机机体外部设备的检修，一般指柴油机启动电机、发电机的更换，水箱及连接部位的检修，柴油机气门间隙、减压间隙的调整，供油提前角的调整，供油均匀性的调整，喷油压力的调整，混流泵和风扇皮带张紧度的调整，机油压力的调整等。

2）混流泵的常规检修是调整带轮的松紧度，更换填料函，调整填料函的松紧度等。

3）柴油机泵的常规检修应在设备周期检查出问题后及时处理，以保证设备的完好率。

4）柴油机泵的检修应有专人负责，并且检修时应当遵守相关规程规范。

5）柴油机泵的检修应有操作记录，操作记录由检修人负责填写，由负责人监督操作。

（2）柴油机泵的大修。

1）柴油机的大修指拆解开机体主体的检修，一般为更换机体内部零部件，主要包括柴油机六配套的更换、配气系统（气门、气门座圈、气门导管等）的检测更换、高压油泵的检修更换及提前供油角的调整等。

2）混流泵的大修指更换轴承、叶轮、混流泵轴等。

3）柴油机泵的大修一般应安排在汛前汛后，原则上应不影响抗旱排涝抢险。

4）柴油机泵的大修应交由专业人员操作，同时做好相应检修操作记录以便查验。

5）柴油机泵的大修应设有专职质检人员，复核检修过程中的操作是否满足规范，相应的螺栓扭力是否满足要求等。

6）柴油机泵大修过程中应注意环境保护，废旧机油、柴油应及时回收，避免产生二次污染。

8. 柴油机泵的应急检修

（1）柴油机泵的应急检修主要是指在抗旱排涝抢险过程中针对设备突发故障的应急检修，主要是指短时间在现场能够处理好或基本满足功能要求的检修。

（2）柴油机泵的应急检修应由抢险现场负责人确定是否立即开展，以短时间、高效率、高安全性作为基本参考依据。

（3）柴油机泵的应急检修应有相应操作记录并存档在案，便于以后的大修参考。

9. 柴油机泵的典型维修

更换柴油机 7 配套方法如下。

（1）放空机体内机油，拆除汽缸盖罩。

（2）拆除摇臂总成及顶杆，移开汽缸盖部分；用扭力扳手拆汽缸盖螺母，抬下汽缸盖。

（3）拆除机体侧盖板，拆下活塞连杆总成，用工器具测量六配套各参数，对不符合要求的及时更换。

（4）装配活塞时应先将活塞加热以便于活塞销安装，同时活塞环安装时应下凹槽，活塞环应注意顺序和开口方向，各缸的活塞连杆总成应和拆卸下时的位置相对应。

（5）汽缸盖垫片上有机油孔，安装时应注意位置是否一致。

（6）连杆瓦、汽缸盖等处螺栓扭力应符合标准，注意顺序（一般连杆瓦处为 78.4～98N，汽缸盖处为 127.4～147N，注意各缸力应相等）。

（7）安装完成后应转动带轮观察安装是否正常，若能连续正常转动，则表示正常；否则及时检查情况并作必要调整。

10. 柴油机装配工艺及标准

（1）组装前清除汽缸盖燃烧室积炭、水道水垢，检查油道水道是否通畅，检查汽缸盖翘曲变形，用内径千分尺测量缸套磨损程度，用深度尺测量气门座圈下深度应在 0.9～1.2mm 范围内。

（2）配气机构。检查各运动件表面磨损度，有无扭曲变形；各零部件（气门、凸轮轴，挺杆，传动装置，进排气管道，空气滤清器等）有无裂纹、破损、缺失等。

（3）曲柄连杆机构。检查活塞组件、连杆组件的配合间隙，检查曲轴轴颈外径尺寸、椭圆度等，须在公差允许范围内；飞轮、齿圈完好无裂变。

（4）润滑系统。检查机油泵、限压阀、机油滤清器的疲劳磨损程度，用压缩空气检查油道通畅情况。

（5）冷却系统。检查水箱、风扇、风扇皮带、冷却水管有无锈蚀、裂纹、形变，缸体、缸盖及冷却水道通畅情况。

（6）供给系统。检查油箱、连接油管、高压油管有无锈蚀、裂纹、残留沉淀物，是否通畅；柴油滤清器过滤情况，用油泵试验台测试喷油泵四缸供油量分布均匀，用喷油器试验台测试喷油压力、雾化情况，喷油压力为1.2MPa。

（7）启动系统。检查启动机电源接线桩头，启动触点，传动齿轮良好，转动灵活。

（8）组装顺序。柴油机组装应按从内往外、从下往上的顺序进行，安装好各零部件，连接件螺栓受力均匀，扭力按设计要求拧紧。

（9）磨合试验。测定柴油机性能指标进行验收，试运行中发现检修和装配中的缺陷应及时排除，调整各机构，观察水温、油温、机油压力、声音、振动、排烟等情况，做到不漏水、不漏气、不漏油。

2.6 常见故障与排除

2.6.1 柴油机常见故障与排除

柴油机常见故障与排除见表2.5。

表2.5 柴油机常见故障与排除

故 障 原 因	排 除 方 法
一、柴油机不能启动	
1. 启动机转速低	
（1）蓄电池电量不足或接头松弛 （2）启动机炭刷与整流子接触不良 （3）启动机齿轮不能嵌入飞轮齿圈内	（1）充电，旋紧接头，必要时修复接线柱 （2）修理或更换炭刷 （3）将飞轮盘动一个位置。必要时检查启动机安装情况，消除启动机与齿圈轴线不平行现象
2. 燃油系统不正常	
（1）燃油箱中无油或油箱阀门未打开 （2）燃油系统中有空气，油中有水，接头处漏油 （3）油路堵塞 （4）输油泵不供油 （5）喷油器不喷油或喷油呈线状，压力太低雾化不良；喷油器压力弹簧折断；喷孔堵塞 （6）喷油泵出油阀不出油，弹簧折断；喷孔堵塞	（1）添满油箱，打开阀门 （2）排除空气，更换合格柴油，拧紧接头 （3）清洗管路，更换柴油滤清器滤芯，清洗输油泵进油管及滤网 （4）检查输油泵进油管是否漏气，检修输油泵 （5）拆修喷油器并在喷油器试验器上调整，检查喷油器喷油工作情况 （6）研磨；修复或更换零件

续表

故　障　原　因	排　除　方　法
3. 压缩压力不够	
（1）气门下沉度过大 （2）气门漏气 （3）汽缸盖衬垫处漏气 （4）活塞环磨损，结胶，开口位置重叠	（1）更换气门、气门座圈 （2）研磨气门 （3）更换汽缸盖衬垫，按规定拧紧汽缸盖螺栓 （4）更换、清洗、调整
4. 其他原因	
（1）气温太低，机油黏度过大 （2）燃烧室或汽缸中有水	（1）用热水灌入冷却系统，使用预热启动，使用规定牌号机油 （2）检查、清洗、调整
二、机 油 压 力 不 正 常	
1. 机油无压力或压力过低	
（1）机油油面过低；变质过稀 （2）油管破裂；管接头未压紧漏油，机油压力表损坏 （3）机油限压阀调压弹簧变形或断裂 （4）机油泵转子磨损过大 （5）机油泵垫片破损 （6）各轴承配合间隙过大 （7）油道堵塞松、漏	（1）添加机油；更换机油 （2）更换油管；拧紧螺钉；更换机油压力表 （3）更换机油滤清器总成 （4）修复调整；更换 （5）更换垫片 （6）检查，调整或更换 （7）清洗并疏通油道
2. 机油压力过高	
（1）机油泵限压阀工作不正常，回油不畅 （2）气温过低，机油黏度过大	（1）检查并调整 （2）使用规定牌号机油，热车后自行降低
3. 摇臂轴处无机油润滑	
（1）上汽缸盖油道和摇臂轴支座底部的油孔堵塞	（1）清洗、疏通
三、排 气 冒 烟	
1. 排气冒黑烟	
（1）喷油器积炭堵塞，针阀卡滞 （2）负荷过重 （3）喷油太迟，部分燃油在排气过程中燃烧 （4）气门挺杆脱落，弹簧折断 （5）喷油泵各缸供油不均匀 （6）进气管、空气滤清器阻塞，进气不畅	（1）检查、修复或更换 （2）调整负荷，使之在规定范围内 （3）调整喷油泵供油提前角 （4）恢复挺杆位置，更换弹簧，调整气门间隙 （5）调整各缸供油量 （6）清洗或更换空气滤芯
2. 排气冒白烟	
（1）喷油压力过低，雾化不良，有滴油现象 （2）喷油泵调速器失灵 （3）缸床垫损坏，汽缸内渗有水分	（1）检查、调整、修复或更换喷油嘴组件 （2）维修或更换喷油泵 （3）检查汽缸盖是否有裂纹、缸盖垫是否破损，更换损坏部件

续表

故　障　原　因	排　除　方　法
3. 排气冒蓝烟	
（1）活塞环磨损过大，或因积炭弹性不足，机油窜入汽缸燃烧室 （2）机油油面过高 （3）锥面气环上下方向装反	（1）清洗或更换活塞环 （2）放出多余机油 （3）把有字母记号的一面向上
四、功　率　不　足	
（1）柴油滤清器或输油泵进油管接头滤网堵塞 （2）喷油压力不对或雾化不良 （3）喷油泵精密偶件磨损过度 （4）调速器弹簧变形松弛，未达到标定转速 （5）燃油系统内进入空气 （6）供油提前角不正确 （7）各缸供油量不均匀 （8）空气滤清器不畅 （9）气门漏气 （10）压缩压力不足 （11）配气定时不对 （12）喷油器座孔漏气 （13）汽缸盖螺栓松动	（1）清洗或更换 （2）检查喷油器压力或更换喷油嘴偶件 （3）更换油泵柱塞偶件、出油阀偶件，调整供油量 （4）调整高速限止螺钉，更换调速弹簧 （5）排除燃油系统内空气 （6）按规定调整 （7）调整各缸供油量 （8）清洁或更换滤芯 （9）检查气门间隙、气门弹簧弹力、气门导管磨损、气门黏滞及气门密封面的情况，必要时更换零件，研磨气门 （10）同柴油机不能启动的排除方法 （11）凸轮磨损过度，更换凸轮轴 （12）更换铜垫圈，清理座孔平面积炭，均匀拧紧喷油器压板螺母 （13）按规定力矩拧紧
五、不　正　常　声　响	
（1）供油提前角过大，汽缸内有带节奏地金属敲击声 （2）喷油嘴滴油或针阀卡滞，造成突然发出"嗒、嗒、嗒"的声音 （3）气门间隙过大，有清晰有节奏地敲击声 （4）活塞碰到气门，有沉重而节奏均匀的敲击声（用手轻轻搁在汽缸盖上螺母时感觉到有活塞碰击的震动） （5）活塞碰到汽缸套底部，可听到沉重有力的敲击声 （6）气门弹簧折断、气门推杆弯曲、气门挺柱体磨损使配气机构发出轻微敲击声 （7）活塞与汽缸套间隙过大的响声，此种声音随柴油机走热后减轻 （8）连杆轴承间隙过大时，当转速突然降低时，可听到沉重有力的撞击声 （9）连杆衬套与活塞销间隙过大，此声轻微而尖锐，急速时尤为清晰 （10）曲轴止推片磨损轴向间隙过大时，在急速时可听到曲轴前后游动碰击声	（1）调整供油提前角 （2）清洗、修复、更换针阀偶件 （3）调整气门间隙 （4）适当加大气门下沉间隙，修正连杆轴承的间隙或更换连杆轴瓦 （5）更换汽缸盖衬垫 （6）更换弹簧、推杆或挺柱体等并调整气门间隙 （7）视磨损情况更换汽缸套与活塞 （8）更换连杆衬套、连杆轴瓦 （9）更换连杆衬套 （10）更换曲轴止推片

故 障 原 因	排 除 方 法
六、振 动 严 重	
（1）各缸供油不均匀，个别缸喷油嘴雾化不良；个别缸漏气严重，压缩比相差较大等 （2）柴油中进水、进气 （3）柴油机安装对中不佳，支撑螺栓松动 （4）柴油机敲缸，工作粗暴	（1）检查调整喷油泵供油量，修复喷油嘴；消除漏气，检查调整各缸压缩压力 （2）放空气，更换合格柴油或对柴油箱进行清洗排水 （3）校正对中情况，拧紧 （4）检查供油提前角，柴油机暖车后再加负荷
七、柴 油 机 过 热	
（1）燃油窜入曲轴箱，或机油进水，机油稀释变质，机油不足或过多；机油流量小，压力低，凸轮轴轴承、连杆瓦、主轴瓦配合间隙过大 （2）冷却混流泵叶轮损坏破裂，风扇皮带打滑；散热器与风扇位置不当；节温器失灵；冷却系管路堵塞；水套内水垢过厚；冷却混流泵排量不足；水量不足；汽缸盖衬垫破损，燃气进入水道	（1）检查更换活塞环，更换机油；检查油面；检查机油泵内外转子磨损情况；检查调整各轴承的配合间隙，更换凸轮轴轴承 （2）检查更换冷却混流泵叶轮；检查风扇皮带张紧程度或更换皮带；检查散热器安装位置；检查节温器工作情况；清洗冷却系统及水套，检查冷却混流泵叶轮间隙，加满水，更换汽缸盖衬垫
八、机 油 耗 量 过 大	
（1）使用机油黏度过低，牌号不对 （2）活塞与汽缸套磨损过大，活塞环槽的回油孔堵塞 （3）活塞环结胶，气环上下面装反，磨损过大 （4）曲轴前后油封、油底壳结合平面，侧盖等密封处漏油 （5）机油温度、压力过高或蒸发飞溅	（1）调用规定牌号机油 （2）更换或清洗活塞环槽 （3）清洗或更换活塞环 （4）检查或更换有关零件 （5）降低温度，检查调整机油泵限压阀，具体方法同柴油机机油压力不正常时的调整
九、转 速 剧 增	
（1）调速器失去作用，拉杆卡死在大油量位置 （2）调速器滑动盘轴套卡住 （3）调节臂从拨叉中脱出	（1）拆修调速器及调速器拉杆 （2）检修 （3）检修
十、自 行 停 车	
（1）油路有空气，输油泵不供油，柴油滤清器阻塞 （2）活塞咬缸，轴颈被轴瓦咬死 （3）喷油泵出油阀卡死，柱塞弹簧断裂，调速器滑动盘轴套卡住	（1）放气，检查输油泵，清洗柴油滤清器 （2）配合间隙不对，修理或更换 （3）检修或更换
十一、游 车	
（1）各缸油量不均匀，喷油器滴油；拉杆拨叉螺钉松动 （2）拨叉与调节臂间隙过大，钢球及滑动盘磨损出现凹痕 （3）喷油泵凸轮轴移动间隙过大 （4）滑动盘轴套阻滞	（1）调整各缸供油均匀，修理或更换喷油嘴针阀偶件 （2）更换零件 （3）用铜垫片调整 （4）清洗检修或更换

续表

故 障 原 因	排 除 方 法
十二、机油液面升高	
(1) 汽缸套封水圈损坏 (2) 汽缸盖衬垫漏水 (3) 汽缸盖或机体漏水	(1) 更换封水圈 (2) 更换汽缸盖衬垫 (3) 检修、更换

2.6.2　混流泵常见故障与排除

混流泵常见故障与排除见表 2.6。

表 2.6　　　　　　　　　　混流泵常见故障与排除

故 障 原 因	排 除 方 法
一、混流泵不能启动	
1. 动力不足	
(1) 传动带松动 (2) 传动带数量少或断裂	(1) 移动柴油发动机，紧固皮带 (2) 补充传动带
2. 混流泵自身机械故障	
(1) 填料太紧或叶轮与泵体之间被杂物卡住而堵塞 (2) 泵轴、轴承、压盖锈蚀 (3) 泵轴严重弯曲	(1) 调整调料松紧度，去除叶轮杂物 (2) 拆开泵体清除杂物、除锈，加注润滑脂 (3) 拆下泵轴校正或更换新的泵轴
二、混流泵启动后不出水	
1. 供给液体压力不足	
(1) 泵内气体未排净 (2) 底阀关闭不严或混流泵下放水螺钉漏气 (3) 进水管路漏气，管路破旧、砂眼或连接处没接合好，阀门处没拧紧	(1) 混流泵运行时要排尽空气，将泵体注满水，然后开机 (2) 检查底阀及混流泵下放水螺钉 (3) 安装时加两片密封垫或检修进水管路，用水在进水管线上逐渐涂洒，若有气泡产生，证明该处有漏气现象，应及时处理
2. 混流泵安装	
(1) 混流泵转向反，叶轮旋转方向反 (2) 混流泵安装高度太高，超过了泵的允许吸水高度 (3) 装置扬程与泵扬程不符	(1) 开机时检查其旋向是否与泵所标注转向一致 (2) 采用降低泵的安装高度或抬高进水池水位以满足进水要求 (3) 测算大概所需扬程与泵型扬程是否相符，根据现场情况重新选择泵型

故　障　原　因	排　除　方　法
三、混流泵运行流量不足	
（1）转速偏低 1）动力转速不配套或皮带松动打滑 2）进水底阀、叶轮及闸阀等局部被杂物阻塞 （2）管路实际需求扬程超过混流泵允许扬程 （3）吸程过高，底阀、管路及叶轮局部堵塞或叶轮磨损过大 （4）吸水管漏气、底阀漏气，进水口堵塞，底阀入水深度不足 （5）进水管路或叶轮有水草杂物	（1）转速偏低解决方法 1）恢复额定转速，清除皮带油垢，调整皮带松紧度 2）清理进水底阀、叶轮及闸阀处杂物 （2）降低扬程，恢复额定转速 （3）降低混流泵安装位置，拧紧压盖、密封混流泵漏水处，压紧填料或更换填料，清除堵塞物 （4）检查吸水管与底阀，堵住漏水源，清理进水口处的淤泥或堵塞物，底阀入水深度必须大于进水管直径的 1.5 倍，加大底阀入水深度 （5）清除杂草
四、混流泵运行流量降低	
（1）填料函严重磨损 （2）滤水网、导流壳、叶轮流道被堵塞 （3）动水位下降超过混流泵额定扬程	（1）更换填料函 （2）清除堵塞物 （3）更换高扬程泵
五、混流泵运行中振动及噪声	
（1）安装或者是基础不良 1）安装场地松软 2）轴承磨损弯曲或转动部分的零件松动、破裂 （2）泵轴平衡不良 1）泵轴弯曲，运行时产生附加离心力 2）泵轴有残余的不平衡重量 3）叶轮磨损或者破损 （3）吸程太高，气蚀引起的振动 （4）泵在偏离设计点运行	（1）调整基础 1）加固基础或使用机泵一体化架 2）及时进行检修 （2）修正平衡 1）校正或更换泵轴 2）应重新校正转子的平衡性 3）应校正叶轮的平衡或更换叶轮 （3）提高吸水槽的水位或降低混流泵安装高度 （4）调整至设计范围
六、混流泵密封填料问题	
（1）泵的填料函泄漏太大 1）填料老化无弹性 2）轴套磨损，烧蚀变形 3）轴承润滑不正确或轴承磨损 （2）机械密封损坏 （3）泵填料函过热 1）混流泵填料函中的填料磨损，使空气漏入泵壳中 2）混流泵填料函没有正确填料 3）混流泵填料太紧或老化变硬	（1）查找原因，及时调整 1）更换填料 2）更换轴套 3）添加润滑脂，更换轴承 （2）检查并按要求进行更换，向厂家咨询 （3）调整填料函 1）调整填料松紧度，使其滴水 40～60 滴/min 2）检查填料，重新装填填料函 3）检查并调节填料，按要求进行更换

第3章

移 动 排 水 泵 车

3.1 设 备 概 述

由于全球极端天气的影响，局部地区强降雨造成的洪涝灾害频繁发生，加上现阶段部分城市发展中下水管网设施建设的相对滞后，城市防洪已成为当前广受关注的焦点。目前，现代化的水利工程建设与管理已经在江苏省防汛抗旱工作中发挥了显著作用，特别是近年来，江苏省加强了防汛抗旱抢险队伍的建设，配备了现代化的防汛抗旱装备，极大地提高了防汛抗旱应急抢险能力。移动排水泵车应运而生，在城市内涝排水中发挥着极大的作用。

移动排水泵车采用汽车底盘，低噪声隔音车厢。车厢内配有发电机组、排水泵等。本装备移动灵活、展开和撤收速度快、投入作业人员少、适应性强、劳动强度低、作业稳定性高、应急反应速度快，提高了城市救灾应急的综合保障能力。

江苏省常用的几种移动排水泵车主要有南汽畅通畅达牌救险车、金长江路鑫牌应急抢险电源泵车、迪沃东风天锦厢式排水车、福建侨龙"龙吸水"供排水抢险车等。

3.2 基 本 结 构

3.2.1 整体图示

以 NJJ5110TDY 防汛移动排水泵车为例，如图 3.1 所示，该车由整车底盘系统、液压系统、发电机组系统、排水系统及照明警示系统组成。

图 3.1 NJJ5110TDY 防汛移动排水泵车

（1）整车底盘系统以东风汽车底盘为基础改装而成，整车搭载了低噪声隔音工作车厢，车体总高度达 3.4m。

（2）液压系统的主要功能通过 4 个液压支撑杆的自由调整，确保排水车在复杂地形下水平、稳定地运行。

（3）发电机组系统采用的是 120kW 发电机组。该发电机组由康明斯柴油机、斯坦福发电机、PLC 智能控制系统和底座油箱组成。

（4）排水系统由电动机、自吸泵、真空泵、小型潜水泵、输水管组成。

（5）照明警示系统由警示灯和车载照明设备组成。警示灯主要是车辆箱体顶侧的4只红蓝色爆闪警灯和尾部的箭头警示灯。

3.2.2 设备参数

移动排水泵车设备参数见表3.1。

表 3.1　　　　　　　　　　　移动排水泵车设备参数

	型号	东风 DFL5110XXYBXA 国Ⅳ
底盘	外形尺寸	8900mm×2480mm×3650mm
	轴距	4700mm
	轮距（前/后）	1880mm/1800mm
	最小离地间隙	250mm
	接近角/离去角	20°/10°
	总质量/整备质量	11490kg/11000kg
	载质量	295kg
	乘员人数	3
	最小转弯直径	17.5m
	最高车速	90km/h
发动机	型号	ISDe180 40
	形式	直列四缸、液冷、增压中冷、高压共轨、直喷式柴油发动机
	排量	4500mL
	额定功率/转速	132kW/2500r/min
	最大扭矩/转速	700N·m/1400r/min
发电机	发电机组功率	120kW
自吸泵	流量	1000m³/h
	功率	55kW
	扬程	12m
真空泵	功率	3.85kW
	抽气量	110m³/h
灌水潜水泵	流量	1.5m³/h
	扬程	16m
	功率	0.37kW

3.3　设　备　使　用

NJJ5110TDY 移动排水泵车的操作一般分为安装、启动、运行、停机 4 个步骤。

3.3.1　安装

1. 前期准备

（1）车辆检查。

1）检查车辆润滑油、液压油、燃油油位，检查冷却水水位，检查轮胎胎压。

2）确认取力器脱开。

3）检查液压支腿能否正常工作。

4）检查电瓶电量是否充足。

（2）发电机组检查。

1）检查机油油位、冷却水位、燃油油位；检查发动机燃油、机油、冷却等系统管路及接头处有无泄漏现象。

2）检查蓄电池液面及电池连接线连接是否正确、可靠，电瓶电压是否满足启动要求。

3）检查电气线路连接是否可靠，是否存在漏电、短路隐患。输出开关是否在分闸（OFF）位置。

4）机组上应无异物，排气系统周围无易燃物。

5）检查进、排风通道是否畅通。

2. 架设安装

（1）液压支腿的撑起。

1）汽车到达目的地后，汽车处于空挡怠速状态，踩下汽车离合器，按取力器按钮，松开离合器，取力器与变速箱啮合，液压系统工作。

2）按照先撑后支腿再撑前支腿的顺序撑起液压支腿。可根据路面平整度在支腿下放置垫块。

3）支腿撑起后必须保证车辆左右水平，避免轮胎承压。

4）支腿撑起后脱开取力器。

5）车辆发动机熄火。

（2）安装进水管和出水管。

1）安装进水管时，使用专用加力手柄将进水滤网、进水管道与排水泵进水口依次连接，将进水端投入水中，严禁直接插入污泥中。

2）安装出水管时，先将涂塑软管与排水泵出水口连接，再依次展开软管，根据输水距离续接软管，出水软管铺设时不能交叉。

（3）安装接地桩。将接地桩一端先打入地下，深度不得小于 60cm，另一端接在车上有接地标志处。

3.3.2 启动

1. 启动前的准备工作

(1) 发电机组启动前准备。

1) 启动发电机组前，应严格遵守发电机组使用说明操作。

2) 要指定相关人员开机，非相关人员禁止操作发电机组。

3) 通过柴油机输油泵的往复按压，依次排除输油管道、燃油滤清器、供油泵中的空气。

4) 检查并安装发电机组启动电瓶，闭合蓄电池开关闸。

5) 断开发电机组中发电机机体上的电源输出总开关。

6) 打开移动排水泵车发电机组控制柜，检查紧急停机按钮旋转是否复位。

7) 打开启动钥匙，按照电子显示屏指示检查电压、启动蓄电池电压等参数。

(2) 水泵启动前准备。

1) 检查泵底座、泵盖等连接部位的紧固件是否有松动。

2) 将灌水潜水泵投入水中，启动灌水潜水泵，分别将排水泵泵体和真空泵不锈钢水箱内灌满水。

3) 关闭灌水潜水泵、排水泵注水阀门。

2. 发电机组启动步骤

(1) 打开排风门，确保发电机组排风畅通。

(2) 将发电机组的电瓶正极与发电机组启动端子连接，再连接电瓶负极。

(3) 打开启动钥匙，旋转开关至"自动"位置，查看液晶显示屏的启动电压、运行小时等信息，确认无故障显示后便可长按绿色启动按钮3~5s，发电机组正常启动。

(4) 若按下按钮15s，不能着火启动，应等1min左右再做第二次启动，若连续3次失败，应查明原因再行启动。

(5) 若启动发电机组时，发电机组不能正常启动，显示燃油系统进空气状态，应立即停机，然后对发电机组燃油供给系统进行排空气，具体操作是不停地按下发电机组输油泵，直到发电机组空气排除干净为止。

(6) 遇到紧急情况，按下急停按钮，发电机组停下并报警，然后复位，重新启动。若遇到报警时也应按下急停按钮，此时显示屏上显示故障原因，需排除故障。

液晶控制屏不能工作的情况下，有以下几种解决方法。

(1) 旋转开关至"手动"位置，将高、低速开关拨到"低速"位置。

(2) 用"钥匙"对发电机组进行手动启动，机组怠速运行后将高、低速开关拨到"高速"位置。

(3) 机组运行正常后，手动对电源开关进行合闸。

3. 发电机组启动后检查事项

(1) 当发电机组启动成功后，看显示屏上的两个信号指示灯情况，当两个信号指示灯都亮起时，说明发电机组运行稳定，可以对外输出功率，此时可以将主电路上的断路器闸刀合上，总电源输出接通。发电机组运行过程中应注意观察，出现异常立即停机。

(2) 紧急情况处理。当发生下述异常状况时，可以迅速按"紧急停车"按钮，采取紧急停车。

1）油压降至 $2kg/cm^2$ 以下（约 0.2MPa）。

2）冷却水温在 5min 内急剧升至 100℃以上（正常温度约为 85℃）。

3）油管断裂、喷油等。

4）现场明显出现火险、电击、爆炸等危险。

5）机组运行不稳定、排烟异常。

4. 水泵启动步骤

（1）闭合电源空气开关。

（2）按下真空泵启动按钮。

（3）待水泵上吸气口的真空压力表显示 0.03～0.04MPa 时，迅速按下水泵启动按钮至运转状态，迅速关闭真空泵，关闭真空泵吸气口阀门，水泵出水。

（4）水泵启动后检查电压、电流是否正常。

3.3.3 运行

1. 发电机组

（1）机组运行时应有专人值守，观察发电机组各项参数，做好运行记录。

（2）检查机组燃油、机油、冷却水、进排气系统是否存在泄漏现象，并及时处理。

（3）检查机组各连接处有无松动和异常震动现象，并及时处理。

（4）严禁超负荷运行。在长时间带载后应先将负载关闭，发电机组空载运行 5～10min 后停机，以使发电机组各部件慢慢冷却，保持良好性能。

（5）每次开机运行后，应填好运行日志。待机组冷却后清洁机组。

2. 自吸排污泵

（1）定期检查输水软管有无破损渗漏。

（2）出水口处堤面有无冲刷坍塌现象。

（3）进水口处有无漂浮物堵塞。

（4）进入口水位过低时更换吸水头。

3.3.4 停机

停机操作分为正常停机操作和紧急停机操作。

1. 正常停机操作

（1）按下排水泵停机按钮，并断开位于水泵控制箱内的电源断路器。

（2）关闭发电机电源输出总开关。

（3）长按发电机组停机键 3～5s，发电机组怠速运行 60s 后停机。

（4）停机后，断开发电机组蓄电池总闸，拆卸进水管和出水管。

（5）水泵在寒冬季节使用时，停车后需将泵体下部放水螺塞拧开将水放净，防止冻裂。

2. 紧急停机操作

在出现以下重大故障或紧急情况时，应执行紧急停机操作。

（1）发电机组电流、电压、机温等严重超标。

（2）柴油机管路破裂。

（3）发电机组发出急剧异常的震动或敲击声。

（4）发生危害到设备、人员安全的突发情况。

紧急停机时通过按下发电机组控制面板上的紧急停机按钮或切断发电机组柴油机供油，来实现移动排水泵车的快速停机。停机后，根据故障现象，逐一对排水泵、发电机组进行故障排查和检修。

3.3.5　安全防护

1. 防火安全

（1）燃油管路应采取防震措施，避免管路因振动而产生扭曲或破裂。

（2）所有燃油管路应避免泄漏。

（3）严禁在机组或燃油箱附近吸烟或点火。

（4）机组附近应配备消防设施。

（5）移动排水泵车附近不要放置易燃物品，防止引起火灾。

2. 防止废气中毒

（1）操作人员应远离排气管下风口。

（2）应确保工作场所的通风畅通。

3. 防机械伤害及灼伤

（1）检查保养时，应断开蓄电池总闸，以防意外启动造成伤害。

（2）启动之前，应确保所有机件紧固牢靠。

（3）避免穿宽松的衣服接近转动件，以防卷入。

（4）请勿接触发烫的机件，以免烫伤。

4. 防电击

（1）电气安装及操作必须持证上岗。

（2）维护和保养机组电气设备时，首先关闭电源；电气设备周围的金属或钢结构的地板上，放置干燥的木板并垫上橡胶绝缘垫。

（3）不允许穿潮湿的衣服、非绝缘鞋或在皮肤潮湿时处理电气故障。

（4）不允许擅自修改电气线路。

（5）开关断开时，必须设置明显的警示标志，以防止其他人员误操作。

（6）发电机组不允许直接连接到市电供电系统上。

5. 其他注意事项

（1）在发电机组运转时，不允许打开水箱的压力盖。检修发动机时，如需打开压力盖，必须先让发动机彻底冷却，等压力降低到正常后，再打开压力盖。

（2）机组在运转状态下，严禁触动启动开关，以免损坏启动马达。

（3）机组在运行过程中严禁脱开电瓶。

（4）发电机组应保持整齐清洁。

（5）在维修工作之前，应断开蓄电池电源。

（6）水泵在运行过程中，轴承温度不能超过环境温度（35℃），最高温度不得超过80℃。

3.4 设备管理

为了确保防汛应急排水车在执行防汛抗旱应急抢险任务时百分百完好，必须开展好应急排水车的维护与保养工作。应急排水车的维护与保养工作一般分为日常维护保养和战备维护保养。

3.4.1 日常维护保养

防汛应急排水车的日常维护保养工作主要包括汽车的维护与保养、发电机组的维护与保养和水泵机组的维护与保养三大方面。

1. 汽车的维护与保养

（1）做好汽车底盘的日常维护与保养。定期检查汽车轮胎气压，发现问题及时修补或更换；每隔一年对汽车方向机、传动轴等加注一次润滑油。

（2）定期检查或加注发动机机油、冷却液。检查汽车发动机机油油位必须在发动机尚未运行或停机30min以上时进行，低于下刻线时需加注机油，高于上刻线时需放出机油。汽车发动机冷却液的检查可以通过散热器附水箱或直接打开散热器上盖进行检查和加注。在汽车发动机运行或刚停机时严禁打开散热器上盖，因为散热器内冷却液在高温下容易喷出造成人员烫伤事故。

（3）更换发动机机油与机油滤清器。每当应急排水车行驶达5000km或两年，就必须更换发动机机油和机油滤清器。更换发动机机油时，首先打开发动机油底壳放油螺栓放空机油，然后拧紧放油螺栓，从发动机顶端机油加注口加入机油至标准机油位。更换发动机机油滤清器时，需要用链条扳手，旋转、松开、拆卸机油滤清器，同时注意清洁机油滤清器安装座，防止异物进入。在安装新的机油滤清器时，需要将机油滤清器注入新机油，徒手将新的机油滤清器旋转拧紧至安装座，最后用链条扳手将机油滤清器紧固。机油滤清器更换完成后需要发动汽车并怠速运行，检查机油油压是否正常，机油滤清器周围是否有渗漏。

（4）更换汽车柴油滤清器、空气滤清器和冷却液。每当应急排水车行驶达5000km，就需要更换汽车柴油滤清器和空气滤清器。每两年需要更换一次防冻冷却液。

2. 发电机组的维护与保养

发电机组的维护与保养主要是指发电机组中柴油机的维护与保养。

（1）发电机组柴油机机油和机油滤清器的更换。

1）检查柴油机机油油位，必须在柴油机尚未运行或停机30min以上时进行，确保机油油位正常。在发电机组连续运行时，操作人员一般每8h检查一次机油油位，也可根据现场情况确定查看周期，确保机油油位正常。

2）发电机组累计工作达250h后，需要更换柴油机机油和机油滤清器。更换机油首先需要将储油桶放置于柴油机机体下方，打开油底壳放油螺栓放空机油，然后拧紧放油螺栓，从柴油机机油加注口加入机油至标准机油位。在安装新的机油滤清器时，需要将机油滤清器注入新机油，并在机油滤清器密封垫上涂抹一层机油作为润滑油，将新的机油滤清器旋转拧紧至安装座，固定机油滤清器。柴油机机油和机油滤清器更换完成后需要启动发电机组怠速运行，检查机油油压是否正常，机油滤清器周围是否有渗漏，柴油机机油底壳放油螺栓处有无渗漏。

（2）发电机组柴油机冷却液的加注与更换。

1）为保障发电机组的四季安全运行，柴油机散热器必须加注防冻冷却液，它可以防止在寒冷季节发电机组停机、运行、入库封存过程中，冷却液结冰而胀裂散热器和冻坏发动机汽缸体。防冻冷却液可以一年四季使用，同时对散热器与柴油机机体具有防腐和除锈功能。更换只需将散热器下端排水阀打开，排尽后加满即可。

2）发电机组在长时间运行过程中，操作人员需要定期检查柴油机散热器有无破损渗漏、冷却液有无缺失或损耗，在柴油机运行或刚停机时严禁打开散热器盖加注冷却液。

（3）发电机组柴油机空气滤清器的清洁与更换。发电机组在长期运行尤其是恶劣沙尘环境下工作，需要注意空气滤清器的清洁与更换工作。

1）发电机组运行500h后，需要清洁空气滤清器。拧开空气滤清器罩盖，轻轻抽出空气滤清器，抽出后查看污染程度，用手拍打空气滤清器两端或使用高压气泵去除污染物。

2）在发电机组运行1000h后，需要更换空气滤清器。在清洁与更换柴油机空气滤清器过程中，抽出空气滤清后必须做好柴油机进气管道防护措施，防止异物进入造成柴油机故障。

（4）发电机组柴油机燃油滤清器的更换。燃油滤清器的作用是滤除柴油机燃油系统中的有害颗粒和水分，以保护柴油机油泵油嘴、缸套、活塞环等，减少磨损，避免堵塞。柴油机燃油滤清器由油水分离器和滤清器两部分组成。

1）移动排水泵车，在执行防汛抗旱应急抢险任务中，由于现场柴油质量不可控，柴油机每运行12h需排放一次油水分离器；油水分离器的排放只需要将其底部阀门打开，将油水分离杯底水分排尽即可关闭。

2）发电机组在运行500h，或柴油机出现转速不稳定、供油不畅后，就需要更换燃油滤清器。拆卸燃油滤清器，同时注意清洁滤清器安装座，防止异物进入。在安装新的燃油滤清器时，需要将滤清器内注入燃油，将新的燃油滤清器旋转拧紧至安装座，固定燃油滤清器，排除输油管路空气，检查有无燃油渗漏。

3．水泵机组的维护与保养

（1）检查水泵及管路及结合处有无松动现象。

（2）新水泵在工作100h后更换润滑油，以后每隔500h换油一次。

（3）经常调整填料压盖，保证填料室内的滴漏情况正常（以呈滴漏状为宜）。

（4）向轴承体内加入轴承润滑机油至油标的中心线处，润滑油应及时更换或补充。

（5）定期检查轴套的磨损情况，磨损较大后应及时更换。

3.4.2　战备维护与保养

移动排水泵车的战备维护与保养主要分为汛期战备维护与保养和非汛期战备维护与保养。

1. 汛期战备维护与保养

每年5月1日至9月30日的汛期，对所有防汛移动排水泵车开展好启封工作，要求每间隔15d对所有防汛移动排水泵车的汽车发动机和发电机组操作启动一次，并且热机运行20min以上。对防汛移动排水泵车启封与启动工作中发现的故障问题及时排除，确保所有移动排水泵车在执行防汛抗旱应急抢险任务时零故障。

2. 非汛期战备维护与保养

进入非汛期对所有防汛移动排水泵车开展入库封存工作时，选择一台移动排水泵车继续战备维护与保养，要求每间隔15d对移动排水泵车的汽车发动机和发电机组启动一次，并且热机运行20min以上。对发现的故障问题及时排除，确保该防汛移动排水泵车在非汛期执行突发抢险任务时能够快速响应且运行无故障。

3.5　常见故障与排除

3.5.1　汽车的常见故障与排除

汽车的常见故障与排除见表3.2。

表 3.2　　　　　　　　　　汽车的常见故障与排除

故障现象	故障原因	故障排除
启动无响应	蓄电池欠压	蓄电池充电
	蓄电池开关	闭合开关或更换
	启动电机损坏	更换
启动不运转	供油问题	加满燃油
		排除油路空气
启动不运转	输油泵故障	更换
车辆灯光不亮	线路或灯泡损坏	检查及更换
轮胎欠压	轮胎气嘴问题	更换
	被扎破	拆卸、修补

3.5.2　发电机组的常见故障与排除

发电机组的常见故障与排除见表3.3。

表 3.3　　　　　　　　　　发电机组的常见故障与排除

故障现象	故障原因	故障排除
发电机组启动无响应	机组紧急停机按键问题	复位紧急停机按键或维修
	启动蓄电池欠压	充电或更换蓄电池
	启动电机损坏	更换
	控制系统故障	维修控制系统

故障现象	故障原因	故障排除
发电机组柴油机不能启动成功	启动蓄电池欠压	充电或更换蓄电池
	柴油机油路有空气	加满柴油箱，依次排除柴油输油管柴油滤清器、输油泵、柴油泵等处空气
	输油泵损坏	更换输油泵
发电机组柴油机运转速度不稳定	天气寒冷	运行观察5min
	油路有空气	排除油路中空气
	喷油嘴损坏	排查、更换喷油嘴
	负载功率超标	减少负载
发电机组启动后无电力输出	控制箱电源输出空气开关问题	打开电源输出空气开关或更换
	过载断电保护	减少负载或排除漏电

3.5.3　水泵机组的故障与排除

水泵机组的故障与排除见表3.4。

表3.4　　　　　　　　　　　　水泵机组的故障与排除

故障现象	故障原因	故障排除
排水泵不运转	启动按钮损坏	更换按钮
	空气开关损坏	更换空气开关
	无电源输入	检查发电机组
	电机运行方向不对	调整电机方向
	缺相	检查线路进行修复
运转但不出水	抽真空问题、吸入管路漏气	排水泵注满水
		真空泵水箱注满水
		消除管路漏气现象
	吸程太高或管路太长	降低吸程或缩短管路
	真空泵损坏	更换
	抽送介质密度较大或黏度较高	用水冲稀降低浓度或降低黏度
出水量小	进水口有异物	清除缠绕物
	叶轮磨损严重	更换叶轮
	进水软管不密封	查找漏气点并封堵
水泵噪声、振动过大	底脚不稳	加固
	轴承磨损严重	更换轴承
电机发热	流量过大超载运行	关小出口阀
	碰擦	检查排除
	轴承损坏	更换
	电压不足	稳压

续表

故障现象	故障原因	故障排除
水泵泄漏	连接螺栓松动	固紧
	密封件磨损	更换
	水泵体有砂孔或破裂	焊补或更换
	密封面不平整	修整

第 2 篇

防汛抢险专用车辆

第4章

金木工作业车

4.1 设备概述

　　金木工作业车主要用于防汛抢险野外作业环境下采用锯、切、磨、焊等方式加工木桩、金属构件等应急抢险材料。该车主要由底盘、金木工作业厢、发电机组及照明设备等组成，具有灵活机动、结构紧凑、机具配套齐全、操作使用方便、加工能力强等特点，是理想的防汛抢险作业装备。

4.2 基本结构

4.2.1 整体图示

1. 底盘车辆整体图示

底盘车辆整体图示如图 4.1 所示。

2. 工器具图示

工器具图示如图 4.2～图 4.8 所示。

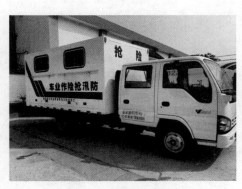

图 4.1　底盘车辆整体图示

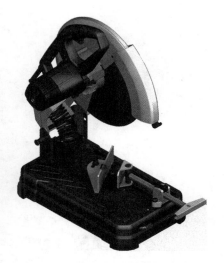

图 4.2　金属型材切割机

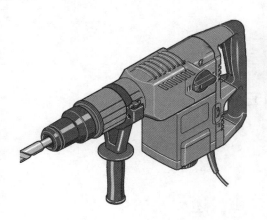

图 4.3 电动锤钻

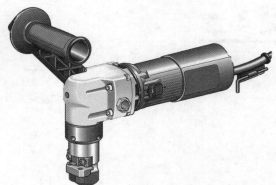

图 4.4 电冲剪

图 4.5 轻型电焊机

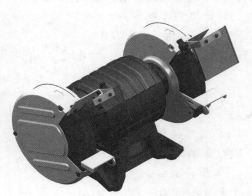

图 4.6 台式砂轮机

图 4.7 电链锯

图 4.8 SFW6110C 照明设备

4.2.2 主要技术参数

1. 底盘参数

底盘参数见表4.1。

表4.1 底 盘 参 数

外形尺寸	7585mm×2400mm×3100mm
总质量	6809kg
发动机型号	4KH1 - TC
发动机额定功率	130PS

注 PS是公制马力单位,1公制马力≈735W。

2. 金木工作业机具及参数

金木工作业机具及参数见表4.2。

表4.2 金木工作业机具及参数

序号	名 称	型 号	主 要 参 数	备注
1	金属型材切割机	BOSCHGCO14 - 2	输入功率1650W	
2	电动锤钻	BOSCHGBH2 - 24DSE	输入功率620W,输出功率360W	
3	电冲剪	GNA2.0	输入功率500W,输出功率270W	
4	轻型电焊机	BX6 - 160	额定输入容量10.6kV·A	
5	台式砂轮机	RBG150NL	电压220V,功率300W	
6	电链锯	Makita5016B	链锯速度400m/min	
7	空气压缩机	PUMAY2K - 1	电机功率1500W,排气量120L/min	

3. 发电机组参数

发电机组参数见表4.3。

表4.3 发 电 机 组 参 数

额定输出	21kV·A	额定转速	3000r/min
额定电压	380V/220V	稳态电压调整率	2.5%
额定频率	50Hz		

4. 照明设备参数

照明设备参数见表4.4。

表4.4 SFW6110C全方位自动泛光工作灯参数

额定电压	220V	灯盘工作电压	220V
灯头功率	400W	灯头光通量	48000lm/36000lm（高压钠灯/金卤灯）
灯头平均使用寿命	18000h/8000h（高压钠灯/金卤灯）	连续工作时间	13h（一次注满燃油）

续表

伸缩汽缸最小高度	2100mm	伸缩汽缸最大起升高度	3500mm
伸缩汽缸升降时间	30s	发电机额定输出电压	220V
发电机额定输出功率/ 燃油箱额定容量	2000W/15L	最大外形尺寸/mm	1210mm×775mm×600mm
灯盘质量	17.5kg	伸缩汽缸质量	5kg
发电机组质量	45kg		

4.3　设备操作使用

4.3.1　底盘车辆

1. 整车的操作使用

（1）作业车的展开。金木工作业车由行驶或停止状态转为加工作业时，应按下列程序进行。

1）作业车的展开，由负责人组织实施，明确任务，合理分工。

2）选择较平坦、宽敞的地方作为作业场所。

3）放下活动车梯，打开车厢两侧的翻板和车门，开启车窗，解除各设备及工具的固定装置，准备使用。

4）将接地棒打入潮湿地面，接好接地线。

5）根据加工任务和选定的各种作业机具，展开供电网络，然后将各作业机具搬运到作业点就位（如需夜间作业，应同时设置照明灯具）。

6）检查全车用电导线有无划破、断裂、龟裂等现象，使用导线是否符合规定要求；正确接好线路，完毕后检查全车线路的绝缘阻值；绝缘阻值不应小于规定要求。

7）启动发电机，待电压、频率正常后即可供电。

8）将作业机具分别插入电源插座，接通电源，分别观察机具的运转是否正常，发现故障应及时排除，确认运转正常便可进行作业。

9）严格按设备机具的操作方法和使用要求进行各种作业。

（2）作业车的撤收。

1）车辆撤收时，按照各人的分工进行。

2）关闭用电设备开关，将总开关扳至"断开"位置。

3）关闭发电机。

4）拔出接地棒，擦净，收起电线（缆）将其放回原位。

5）擦拭保养设备、工具、附件和工作台，将设备移回原位并固定。

6）清除车厢内的木屑、尘土等杂物。

7）关闭车窗、翻板、车门，收起活动车梯。

（3）配电系统操作使用。

1）打开电源输出口门，将接地装置线接到接地螺栓上，将接地体打入潮湿的地中。

2）先确认发电机组和配电盘上的电源开关断开。

3）启动发电机组。

4）合上配电盘的总电源开关。

5）合上相应的断路器。

6）取下电缆盘，插到电源输出口的插座上，除电焊机外的用电设备可通过移动配电盘取电。

7）作业完毕，断开电源开关。

2. 安全注意事项

（1）作业过程中，操作人员不得离开工作岗位，一人不允许同时操作两件以上的设备和机具。

（2）用电设备的接线必须正确，符合规定要求；缺少导线时可用相同型号、规格相近的其他导线代替；电线不得相互缠绕、交叉；严禁带电移动设备机具、电线（缆）和接线。

（3）设备在移位过程中，切忌碰撞、拖移、倒置，应小心轻放，固定可靠，防止损坏，确保设备的完好。

（4）作业时，人员和设备不允许发生干扰，若无法避免时，应设法减小干扰程度。

（5）一旦出现用电故障，应立即切断电源，停机检查，排除故障。

4.3.2　金木工作业机具

1. BOSCH GCO14 - 2 金属型材切割机

（1）操作使用。

1）使用前，必须检查电源线、开关、电机、防护罩、夹具、皮带等是否完好，各部螺钉有无松动，切割片有无裂纹损坏，金属外壳和电源线有无漏电，切割片与防护罩之间有无杂物。发现问题及时修理、更换后方可使用。

2）切割机使用时应放平、放稳，开动后，要先空转 2～3min，待切割机运转正常后再使用。

3）切割机必须安装防护罩，安全装置有缺陷时禁止使用。

4）操作切割机时，必须戴防护眼镜，应均匀平稳操作。

5）使用中，如发现有异常声音时，应立即停机检查，直至故障排除后方可继续使用。切割机长期使用，因磨损严重，径向跳动，振动过大的不能使用。

6）更换切割片时，必须认真选择，对有破损、裂纹的切割片禁用。切割机更换的切割片规格，不得大于铭牌上的规格，以免电动机过载。禁止使用安全线速度低于切割机线速度的砂轮片。

7）禁止在含有易燃、易爆及有腐蚀性气体条件下工作，禁止在拆除防护罩的情况下操作。

8）切割片不准沾水，要经常保持干燥，以防湿水后失去平衡，发生事故。

9）手柄下压，做切割动作时，用力要适当、均匀、平稳，不能用力过猛或撞击砂轮片，以免过载或砂轮片崩裂伤人。

　10）工作前应检查皮带情况，调整皮带松紧程度，皮带磨损要及时更换。

　11）工作完毕后应立即停机，并切断电源。

　12）切割机应在干燥、清洁、没有腐蚀性气味的地方放置。

　13）工作完毕后，清扫设备周围卫生，擦拭设备，保证设备处于完好状态。

　（2）安全注意事项。

　1）切割机工作时务必要全神贯注。严禁疲惫、酒后或服用兴奋剂、药物之后操作切割机。

　2）电源线路必须安全可靠，严禁私自乱拉，小心电源线摆放，不要被切断。使用前必须认真检查设备的性能，确保各部件完好。

　3）不可穿过于宽松的工作服，更不要戴首饰或留长发，严禁戴手套及袖口不扣而操作。

　4）加工的工件必须夹持牢靠，严禁工件装夹不紧就开始切割。

　5）严禁在砂轮平面上修磨工件的毛刺。

　6）切割时操作者必须偏离砂轮片正面，并戴好防护眼镜。

　7）严禁使用已有残缺的砂轮片，切割时应防止火星四溅，并远离易燃易爆物品。

　8）装夹工件时应装夹平稳牢固，防护罩必须安装正确，装夹后应开机空运转检查，不得有抖动和异常噪声。

　9）中途更换新切割片或砂轮片时，不要将锁紧螺母过于用力，防止锯片或砂轮片崩裂发生意外。

　10）必须稳握切割机手把均匀用力垂直下切，而且固定端要牢固可靠。

　11）不得试图切锯未夹紧的小工件或棱边严重的型材。

　12）锯片未停止时不得从锯或工件上松开任何一只手或抬起手臂。

　13）护罩未到位时不得操作，不得将手放在距锯片 15cm 以内。不得探身越过或绕过锯机，操作时身体斜侧 45°为宜。

　2. BOSCH GBH2 - 24DSE 电动锤钻

　（1）操作使用。

　1）使用前要仔细检查电锤有无损坏。例如，外壳、手柄是否出现裂缝、破损，电线插头是否完好，开关开启是否正常等。

　2）钻头检查安装：压动卡套装入钻头，检查钻头装入是否正确到位。

　3）检查接通电源：电源电压是否符合规定使用的额定电压，连接是否可靠。

　4）空转试验：开启开关检查电锤运转是否灵活，观察是否灵活无阻。

　5）钻孔操作：把钻头放置在钻孔位置，打开开关，稍作推压，用力应适当，让切屑自由排出，孔位钻出后将工作方式旋钮拨至"锤击"位置，保持姿势确保钻孔的垂直，操作过程中适当提钻，将切屑排出，直至成孔。

　6）卸下钻头：钻孔结束关闭开关，断开电源，压动卡套，退出钻头，检查清理装箱。

　7）检查清理入箱：使用完毕，必须清除灰尘，打扫干净，在其旋转部分，定期更换润滑油保养。

　（2）安全注意事项。

1）使用时一定要接地线，以防止触电危险。

2）要以正确的作业姿势进行安全作业。

3）钻头的旋转方向为顺时针，电机的旋转方向出厂时已接好，不得随意改动，切忌反转以免损坏工具。

4）注意不准有棉纱及线之类物品靠近电锤旋转部位。

5）作业时钻头处在灼热状态，不得用手触摸，以防烫伤。

6）连续使用和发现机具过热（机壳达 60℃ 以上）时，应暂停使用，注以适量润滑油，并经检查确认无故障后方可继续使用。

7）当电机转数及火花发生异常时，应即时检查排除故障。

3. GNA2.0 电冲剪

（1）操作使用。

1）预先润滑：在切割线上涂抹机油以增加冲头与模子的使用寿命。

2）切割方式：握住工具，使切割头垂直 90° 对准要切割的工件，沿切割方向轻轻地移动工具。

3）挖切：首先在工件上开一个直径大于 21mm 的圆孔，将切割头插入进行切割，如此可完成挖切。

（2）安全注意事项。

1）在进行任何调节更换附件或储存电冲剪之前，必须从电源上拔掉插头，或将电池盒脱开电源。

2）保持切削刀具锋利和清洁，保养良好的有锋利切削刃的刀具不易卡住而且容易控制。

3）按照使用说明书以及打算使用的电冲剪的特殊类型要求的方式，考虑作业条件和进行的作业来使用电冲剪附件和工具的刀头。

4. BX6-160 型轻型电焊机

（1）操作使用。

1）焊接前准备。

a. 检查焊接面罩应无漏光、破损，焊接人员和辅助人员均应穿戴好规定的劳保防护用品，并设置挡光屏隔离焊件发出的辐射热。

b. 电焊机、焊钳、电源线以及各接头部位要连接可靠，绝缘良好，不允许接线处发生过热现象，电源接线端头不得外露，应用绝缘布包扎好。

c. 电焊机与焊钳间导线长度不得超过 30m，如有特殊需要时，也不得超过 50m 长。导线有受潮、断股现象应立即更换。

d. 电焊线通过道路时，必须架高或穿入防护管内埋设在地下，如通过轨道时必须从轨道下面穿过。

2）焊接时。

a. 空载运转几分钟，检查电机工作是否正常。

b. 焊接场地附近不得堆放易燃物品。

c. 进行工作时，必须戴好面罩。

d. 调整电流时，必须在电焊机空载时进行，需要换线时应先拉下闸刀后进行。

e. 接近电源焊接时，不得任意移动电机，如需移动电机时必须停止焊接，切断电源。

f. 弧焊机不能在最大负荷下长期焊接；否则弧焊机温度过高，易烧坏绝缘层，造成电机漏电事故，温度过高应停止焊接。

g. 焊接预热工作时，必须有石棉布或挡板等隔热措施。

3）焊接后。工作完毕后，切断电源。

（2）安全注意事项。

1）完成焊接作业后，应立即切断电源，关闭焊机开关，分别清理归整好焊钳电源和地线，以免合闸时造成短路。

2）施焊中，如发现自动停电装置失效时，应及时停机断电后检修处理。

3）清除焊缝渣时，要戴上眼镜，注意头部应避开敲击焊渣飞溅方向，以免刺伤眼睛，不能对着在场人员敲打焊渣。

4）露天作业完后，应将焊机遮盖好，以免雨淋。

5）不进行焊接时（移动、修理、调整、工作间隙休息），应切断电源，以免发生事故。

6）每月检查一次电焊机是否接地良好。

5. RBG150NL 台式砂轮机

（1）操作使用。

1）按下启动按钮，空转 1～2min，待砂轮机旋转达到额定转速后，无偏摆或震动等异常情况后，方可进行磨削。

2）磨削操作时，操作者必须站在砂轮机的侧面，将刀具或工件轻轻地抵靠在砂轮盘的端面上进行磨削，不能用力过猛，严禁撞击砂轮盘。

3）作业完成后，关闭电源，清理现场，离开作业场地。

4）砂轮磨损后，直径比卡盘直径大 10mm 左右时，应更换新砂轮。

5）新砂轮盘在装机前要认真检查，有裂纹或破损的禁止装机，砂轮盘轴孔与轮轴配合不好的也不得装机使用。

6）更换砂轮盘、紧固螺钉时，用力要均匀，不得过紧或过松。

7）新砂轮盘换好后，首次开机要空转 2～3min，待砂轮机运转正常后方能使用。

（2）安全注意事项。

1）操作者不得站在砂轮机的正面进行磨削操作，以防砂轮崩裂，发生事故。

2）在同一个砂轮盘上，禁止两人（或两人以上）同时操作。禁止磨削刀具、工件以外的无关物件。

3）过分细小、握拿不住的工件，不得在砂轮机上磨削，以防被卷入砂轮机、碾碎砂轮盘，从而造成事故。

4）磨削操作时，应集中注意力。磨削操作完毕，应及时关闭砂轮机电源，不得让砂轮机空转。

6. Makita 5016B 电链锯

（1）操作使用。

1）在接通电源之前，必须关闭电链锯开关，防止意外启动。

2）造材前先启动电链锯空转 1min，检查运转是否正常。

3）启动或操作时，手脚不得靠近旋转部件，特别是链条的上下方。

4）烧断保险丝或继电器跳闸时，应立即进行检查。

5）不准线路超负荷工作，不准接入高容量保险丝。

6）必须用双手操作电链锯。

7）在作业过程中，应随时润滑和冷却锯木机构。

8）当原条即将锯断时，应注意木材的动向，锯断后迅速提起电链锯。

9）转移作业时必须先关闭电链锯开关，转移中不准跑动。

（2）安全注意事项。

1）操作者必须熟悉电链锯的性能和操作方法，并能按使用说明书正确进行操作和维护与保养。

2）操作者必须经过培训并持有上岗操作证。

3）作业时必须穿安全鞋。

4）作业时不准穿肥大、敞开的衣服和短裤，不准佩戴装饰品，如领带、手链、脚链等。

5）认真检查锯链、导板、链轮等组件的磨损程度和锯链的张紧度，进行必要的调整和更换。

6）检查电链锯开关是否完好，电源接头是否接牢，电缆绝缘层是否磨损。

7. 空气压缩机

（1）操作使用。

1）开机前检查。

a. 保持油池中润滑油在标尺范围内，并检查注油器内的油量不应低于刻度线值。油尺及注油器所用润滑油的牌号应符合产品说明书的规定。

b. 检查各运动部位是否灵活，各连接部位是否紧固，润滑系统是否正常，电机及电气控制设备是否安全可靠。

c. 检查防护装置及安全附件是否完好齐全。

d. 检查排气管路是否畅通。

e. 接通水源，打开各进水阀，使冷却水畅通。

2）操作方法。

a. 长期停用后首次启动前，必须盘车检查，注意有无撞击、卡住或响声异常等现象；新装机械必须按说明书规定进行试车。

b. 空气出口开关打开，使其在无负荷状况下启动。

c. 接上电源，打开压力开关，启动马达。

d. 关闭空气出口开关，使压力上升，正常运转。

e. 倾听有无不正常声响或杂音，并检视气压表与各管路接合处有无因搬运、碰撞、松动而漏气。

f. 当压力到达设定压力时，压力开关会切断电源，当压力降到压力差以下时，则压力开关会自动接通电源，马达再度运转。

g. 机器运转时，勿直接拔掉电源插头，待压力开关将马达电源切断后才可以拔掉电源插头。

h. 停机后，打开空气开关及泄水阀，将储气筒内的空气、水分等排放掉。

i. 连接气管快速接头时，须关闭空气开关，待连接完毕后，再打开空气开关。

j. 正常运转后，应经常注意各种仪表读数，并随时予以调整（主要数据范围如下：润滑油压力应为 0.1～0.3MPa，任何情况下不得低于 0.1MPa。一级排气压力为 0.18～0.2MPa，不得低于 0.16MPa；二级排气压力为 0.8MPa，不得超过 0.84MPa。高压空气压缩机排气不得超过说明书规定值。风冷空气压缩机排气温度低于 180℃；水冷应低于160℃。机体内油温不得超过 60℃。冷却水流量应均匀，不得有间歇性流动或冒气泡现象。冷却水温度应低于 40℃）。

（2）安全注意事项。

1）电动机温度是否正常，各电表读数是否在规定的范围内。

2）各机件运行声音是否正常。

3）吸气阀盖是否发热，阀的声音是否正常。

4）各种安全防护设备是否可靠。

5）空气压缩机在运转中发现下列情况时，应立即停车，查明原因，并予以排除：润滑油中断或冷却水中断；水温突然升高或下降；排气压力突然升高，安全阀失灵；负荷突然超出正常值；机械响声异常；电动机或电气设备等出现异常。

6）正常停车时应先卸去负荷，然后关闭发动机。

7）停车后关闭冷却水进水阀门。冬季低温时须放尽汽缸套、各级冷却器、油水分离器以及储风筒内的存水，以免发生冻裂事故。

8）如因电源中断停车时，应使电动机恢复启动位置，以防恢复供电。

4.3.3　发电机组

1. **启动前检查**

（1）检查发电机组柴油机机油。检查机油时，先抽出柴油机机油检测尺，用纱布擦净后重新将检测尺完全插入机油检测口，再次拔出确认机油油位是否在检测尺 min～max 之间。

（2）检查冷却液水位。

（3）查看燃油箱油位显示器，加满发电机组燃油。

（4）排除柴油机输油管路中的空气。通过柴油机手油泵的上下往复按压，依次排除输油管道、燃油滤清器、柴油机供油泵中的空气。

2. **启动**

发电机组完成启动前各项准备工作后便可进行手动启动。

3. **运行**

发电机组带动负载设备正常运行时，对输出电源电缆做好保护措施，避免长时间低负荷或者空载运行，因为这种运行状态下效率低、经济性差，同时会造成柴油机缸体积炭等问题。

4. 停机

在任务结束和发电机组出现故障等情况下，需要对机组进行停机操作。发电机组的停机操作一般分为正常停机和紧急停机两种。

4.3.4　照明设备

1. 操作使用

（1）松开伸缩汽缸的汽缸扣带，以汽缸支架的销轴为支点向上拉起伸缩汽缸使之与地面垂直竖立，并将伸缩汽缸底部的锁紧轴插在汽缸定位锁的轴孔内，拧紧侧面的锁紧螺钉，使锁紧螺钉紧紧顶在汽缸锁紧轴的凹槽内。

（2）将灯盘举起，使其下部支轴套入伸缩汽缸的顶端，使灯盘锁销顶在汽缸顶部的凹槽内，并拧紧灯盘锁紧螺灯。

（3）把伸缩汽缸上侧的航空插头插入灯盘底面的插座并旋紧，将电源输出插排的输入插头插入移动配电盘输出插座并旋紧。

（4）松开灯头支架上端或底部的 M12 碟形螺母，可单独上下或左右调整旋转灯头的照明角度和方位。

（5）将灯头调整到所需照明角度和方位后，利用汽车底盘的气泵、充气绳对伸缩汽缸进行充气，当伸缩汽缸完全升高后，关掉汽车气泵开关。

（6）可分别开启灯盘上两个灯头的照明，若需调节灯盘的照明方向，可向外拉起汽缸端盖上的汽缸锁销，通过旋转汽缸来调节。

（7）使用完后，逐个拔下各电源插头，再拔起伸缩汽缸端盖上的锁销，按下伸缩汽缸底部的排气阀，使伸缩汽缸下降到原位。

（8）拧下航空插头，松开灯盘锁紧螺钉和锁销，将灯盘向上垂直地从伸缩汽缸顶端托出，待灯头完全冷却后再将灯盘装箱。

（9）拔下汽缸底部的气管，拧开汽缸定位锁侧的锁紧螺钉，将伸缩汽缸撤收，再扣上汽缸扣带即可。

2. 安全注意事项

（1）一定要拧紧各锁紧螺钉，各部位锁销务必顶在凹槽内或保证到位，确保灯具整体结合牢固、可靠，尤其是汽缸立起后，必须用力摇动汽缸，确保锁紧后再装灯盘。

（2）航空插头与航空插座连接时，必须拧紧螺旋盖，以确保防水。

（3）伸缩汽缸升到位时，要注意关闭气泵开关，如气泵供气过程中伸缩汽缸不能正常升起，但气压表的压力已超过 0.25MPa（2.5kg/cm²）时，应立即关闭气泵并检查伸缩汽缸是否卡死。

（4）汽缸升起时，不能移动位置，若需移动位置，须将伸缩汽缸下降到位，并取下灯盘后再移动。

（5）如需降低伸缩汽缸高度，不能拔下气管排气，而应按下排气阀使伸缩汽缸平衡下降。

（6）使用完后，应让灯头外壳基本冷却后再取下灯盘。

4.4　设　备　管　理

4.4.1　底盘车辆

维护保养步骤如下。

（1）每次行驶后，均应洗净车厢外部及底盘上的尘土，清除车厢内的木屑、杂物等，保持内外整洁。

（2）给各设备、机具的润滑部位加注或涂抹润滑脂；将工具设备擦净，涂上防锈油脂。

（3）检查车厢、车内设备紧固件的连接情况，如有松动应予以紧固。

（4）检查车内设备是否完好，各种工具、机具及附件是否齐全，放置是否就位。

（5）检查补充燃油、润滑油（齿轮油等）、冷却水。

4.4.2　金木工作业机具

1. 维护与保养

（1）BOSCH GCO14-2金属型材切割机。

1）机器与通气孔必须随时保持清洁。

2）活动式防护罩必须能灵活运作，且能够自动关闭。防护罩的摆动范围必须随时保持清洁。

（2）BOSCH GBH2-24DSE电动锤钻。发现钻头显著磨损，应立刻更换新件，或加以磨快；仔细检查电动绕线有无损伤，是否被油液或水沾湿，放置在干燥环境中；消耗了的炭刷应立即更换，此外炭刷必须常保持干净状态；防尘罩内部磨坏应即刻加以更换；发现螺钉松了应立即重新拧紧；否则会导致电锤故障。

（3）GNA2.0电冲剪。使用完毕后，若发现上下刀头磨损或损坏，需及时修磨或更换；应揩净电剪，放在干燥没有腐蚀性气体的环境中。

（4）BX6-160型轻型电焊机。作业后，清洁设备的外部卫生；检查电焊机的焊钳和焊丝；检查电焊机的电器开关；紧固连接件；检修电焊机的电缆线是否完好；检修电焊机的风扇，并清洁其内部。检修电焊机的控制开关。

（5）Makita 5016B电链锯。作业后，应拧紧所有螺母、螺栓、螺钉，检查锯链、导板及链轮磨损程度，进行必要的调整和更换；检查电源插头及电缆绝缘层的磨损，发现损坏应及时更换或修复；长期储存前应清理残留木屑及污物，拆下锯链和导板并涂防锈油，电机应作防尘保护。

（6）GHO 10-82木工电刨。作业后，经常保持机器与通气孔的清洁，以便利于工作进行，并确保工作安全；定期清洁护刀架并确保其运作灵活。

（7）1.4.10空气压缩机。

1）每日保养。

a. 每日使用前检查曲轴箱内油位是否保持在正常工作范围内，若不够则加足。

b. 每日使用完毕，应将储气桶下方泄水阀打开，消除桶内的积水。

c. 注意运转中有何异常声响、振动或异常高温现象。

2）每周保养。

a. 每周清洗进气滤清器内的滤芯。

b. 拉动安全阀的拉环，以确定功能是否正常。

c. 检查压力开关的功能是否正常，设定压力是否在 $8kg/cm^2$ 规定范围内。

3）每月保养。

a. 检查所有空气管路系统有否泄漏。

b. 检查各部零件螺钉或螺母是否有松动现象。

c. 清洁空气压缩机的外部配件。

4）每季保养。

a. 更换压缩机的润滑油。

b. 更换进气滤清器的滤芯。

c. 检查阀座或清除积炭。

d. 检查汽缸与活塞有无磨损。

2. 耗材更换

定期检查并更换工器具的链条、锯片、柴油等。

4.4.3 发电机组、照明设备

（1）机油和机油滤清器的更换。

（2）柴油机燃油滤清器的清洗与更换。

（3）柴油机空气滤芯清洁或更换。

4.5 常见故障与排除

4.5.1 底盘车辆故障与排除

底盘车辆故障与排除见表 4.5。

表 4.5 底盘车辆故障与排除

故障现象	故障原因	故障排除
启动无响应	蓄电池欠压	蓄电池充电
	蓄电池开关	闭合开关或更换
	启动电机损坏	更换
启动不运转	供油问题	加满燃油
		排除油路空气
	输油泵故障	更换
车辆灯光不亮	线路或灯泡损坏	检查及更换
轮胎欠压	轮胎气嘴问题	更换
	被扎破	拆卸、修补

4.5.2　配电系统故障与排除

配电系统故障与排除见表4.6。

表 4.6　　　　　　　　　　　　　　配电系统故障与排除

故障现象	可能导致原因	对　策
过压报警	过压	调整发电机组调压旋钮，使发电机的空载输出电压为400V
过流、漏电报警	过流、漏电	关闭电源，检查是否有短路或绝缘层被破坏的故障
缺相报警	缺相	用万用表检查三相电源，查出缺相原因并进行处理

4.5.3　电焊机故障与排除

电焊机故障与排除见表4.7。

表 4.7　　　　　　　　　　　　　　电 焊 机 故 障 与 排 除

故 障 现 象	可 能 导 致 原 因	对　策
机壳有电	(1) 线圈碰机壳 (2) 电源进线碰壳 (3) 变压器严重受潮 (4) 电流调节开关或接线柱绝缘损坏	(1) 检查线圈对机壳绝缘电阻 (2) 烘干变压器重新浸漆 (3) 更换开关或接线柱
通电后发出强烈的"嗡嗡"声和保险丝熔断	(1) 初级或次级线圈局部短路 (2) 电网电压太高或380V接入220V位置 (3) 各紧固件有松动 (4) 保险丝规格太小	(1) 施加额定电网电压，接正位置 (2) 拧紧各紧固件 (3) 加大保险丝（40A）
焊接电流过小	(1) 焊接电缆过细抗阻太大 (2) 焊接电缆卷成盘形使电感增大 (3) 电网电压太低，或220V接在380V位置 (4) 电缆接线柱和焊接件接触不良	(1) 缩短电缆长度，或增大电缆截面 (2) 将电缆放开，使其不呈盘形 (3) 增高电网电压或接正位置 (4) 使其接触良好
焊接过热有焦臭味	(1) 长时间超负载工作 (2) 线圈短路 (3) 铁芯紧固件绝缘损坏	(1) 按额定负载持续率工作（5min为一个周期） (2) 消除短路处 (3) 恢复绝缘

4.5.4　空压机故障与排除

空压机故障与排除见表4.8。

表 4.8   **空 压 机 故 障 与 排 除**

故 障 现 象	可能导致原因	对　　策
输出风量减少或压力不足	(1) 需求风量大于额定量 (2) 进气滤清器堵塞 (3) 阀片卡异物 (4) 阀座松脱或衬垫破损 (5) 弹簧失灵 (6) 活塞环或汽缸壁磨损 (7) 排气管路或接头处漏气	(1) 更换较大马达的空压机 (2) 清洗滤清器滤芯或更换新品 (3) 拆下清洗干净 (4) 锁紧或更换新品 (5) 更换新品 (6) 更换新品 (7) 用肥皂水检查管路或接头处并锁紧
压力过高或安全阀叫响	(1) 设定输出压力高于额定压力 (2) 压力开关损坏 (3) 安全阀设定压力过低或损坏	(1) 调整设定的压力 (2) 更换新品 (3) 调整压力或更换新品
气体中有油或耗油量过大	(1) 加油过多 (2) 油环装错 (3) 使用机油黏度不符合要求 (4) 活塞环或汽缸壁磨损	(1) 调整油位 (2) 更换 (3) 更换正确润滑油 (4) 更换新品

4.5.5　发电机组故障与排除

发电机组故障与排除见表 4.9。

表 4.9   **发电机组故障与排除**

故 障 现 象	故 障 原 因	故 障 排 除
发电机组启动无响应	机组紧急停机按键问题	复位紧急停机按键或维修
	启动蓄电池电压过低	拆卸蓄电池充电或更换
	启动电机损坏	更换
	控制系统故障	更换钥匙或控制芯片
发电机组柴油机不能启动成功	启动蓄电池欠压	拆卸蓄电池充电或更换
	柴油机油路有空气	加满柴油箱，依次排除柴油输油管、柴油滤清器、输油泵、柴油泵等处空气
	柴油机输油泵损坏	更换输油泵
	柴油泵损坏（一般在燃油大量含水或机组工作年限较长情况下会发生）	拆卸校泵
发电机组柴油机运转速度不稳定	天气寒冷	运行观察 5min
	柴油机油路有空气	排除油路中空气
	柴油机喷油嘴损坏	排查、更换喷油嘴
	负载过大	减少负载
发电机组启动后无电力输出	控制箱电源输出空气开关问题	打开电源输出空气开关或更换
	过载断电保护	减少负载或排除漏电
	机组发电机故障	维修或更换

4.5.6　照明设备故障与排除

照明设备故障与排除见表 4.10。

表 4.10　　　　　　　　　　　　　照明设备故障与排除

故 障 现 象	故 障 原 因	处 理 方 法
灯泡不亮	灯泡烧毁或损坏	更换灯泡。拆卸灯圈时，必须用专用的小六角扳手拆卸灯圈的两个紧定螺钉（分别在灯头背面的上、下部），在用灯圈专用扳手逆时针拧松灯圈取下。用小十字螺丝刀拧下固定反光镜的螺钉，取下反光镜，用尖嘴钳拧下两根六角铜柱，取出玻璃管罩，即可更换灯泡，最后再按卸下时相反的顺序将灯复原
伸缩汽缸不能正常升起	气压不足汽缸卡死	首先检查充气泵是否正常，压力为 0.25MPa（2.5kg/cm²）；检查伸缩汽缸卡滞位置及原因，做相应处理或请专业人员进行修理
有工作光无强光（或有强光无工作光）	灯泡有一根灯丝烧毁	更换灯泡即可

第 5 章

后 勤 保 障 餐 车

5.1　设　备　概　述

飓风牌 JQG5050XCC 型后勤保障餐车主要用于承担抢险救灾和演练的饮食保障任务。整车由底盘、副车架、车厢、发动机、配电系统和锁紧机构组成，厢内安装两只不锈钢水箱，其容量约为 350L，设有保鲜台式冷柜、电饭煲、燃油锅炉、抽排油烟机、刀具、勺具、调料盒、饮水机、蒸箱，可储藏粮食、蔬菜、副食和餐具，能满足野外饮食保障的需要。厢内还装有空调，洗漱及消防设施。作业效率高，展开速度快，使用操作方便，一个半小时内可提供 60 人食用的正餐一顿。

5.2　基　本　结　构

5.2.1　整体图示

后勤保障餐车整体图示如图 5.1 所示。

图 5.1　后勤保障餐车

5.2.2 主要技术参数

1. 底盘技术参数

底盘技术参数见表5.1。

表5.1 底 盘 技 术 参 数

外形尺寸	6420mm×2450mm×2850mm	总质量	5000kg
整备质量	4200kg	额定载质量	605kg
挂车质量	3000kg	准乘人数	3 人
交流发电机组	5.0kW（220V、50Hz）	外接电源	220V、50Hz
作业准备时间	30min	接近角/离去角	22.5°/10.5°
最低离地高度	222mm	前悬/后悬	960mm/1860mm
轴距	3600mm	轴数	2
最高车速	92km/h	弹簧片数	—/8
轮胎数	6	轮胎规格	6.50R16C
前轮距	1683	后轮距	1540
发动机参数			
发动机	SOFIM8140.43	排量	2798mL
发动机生产企业	跃进汽车集团公司	功率	87kW
车辆燃料参数			
燃料种类	柴油	底盘排放标准	GB 17691—2001 第二阶段，GB 3847—2005
其他	车厢顶部封闭，不可开启		

2. 雅马哈 EF6600 发电机

雅马哈 EF6600 发电机技术参数见表5.2。

表5.2 雅马哈 EF6600 发电机技术参数

相数	单相
额定输出	5.0kV·A
最大输出	5.5kV·A
功率因数	1
电机类型	无刷自励单相同步式
额定电压	220V
额定电流	22.7A
频率	50Hz
直流输出	
发 动 机	
型式	四冲程空冷 OHV

续表

相数	单相
排量	357CC
额定功率	7.1kW/3600r/min
启动方式	手启动
油箱容量	25L
连续运转时间	9.3h
润滑油容量	1.1L
噪声水平	72dB（A）/7m
附　属　装　置	
超载保护装置（交流）	电子断路器
超载保护装置（直流）	无
燃油计	有
电压表	无
输出指示灯	无
超载指示灯	无
机油报警灯	有
节能怠速装置	无
自动阻风门	无
其　　他	
尺寸（长×宽×高）	670mm×510mm×510mm
净重	82kg

3. 空调

空调技术参数见表5.3。

表5.3　　　　　　　　　空调技术参数

制冷类型	冷暖	电辅加热功率	1000W
匹数	1.5匹	内机噪声	（静音挡—高挡）19～38dB（A）
定频/变频	直流变频	外机噪声	≤51dB（A）
能效等级	3级	变频机能效比	APF 3.53 SEER 3.99
电辅加热	支持	循环风量	630m³/h
适用面积	16～24m²	电压/频率	220/50V/Hz
制冷量	3500（450～3800）W	内机尺寸（宽×高×深）	835mm×290mm×192mm
制冷功率	1110（160～1450）W	外机尺寸（宽×高×深）	776mm×540mm×320mm
制热量	4500（800～5100）W	内机重量	10.5kg
制热功率	1500（190～1755）W	外机重量	29.5kg

4. 电饭煲

电饭煲技术参数见表5.4。

表 5.4　　　　　　　　　　　　　　　电 饭 煲 技 术 参 数

容量	19L	额定功率	2500W
加热方式	底盘加热	预约功能	不支持
内胆材质	黑晶内胆		

5. 蒸饭箱

蒸饭箱技术参数见表 5.5。

表 5.5　　　　　　　　　　　　　　　蒸 饭 箱 技 术 参 数

盘数	6 盘	烹饪能力上限	
电压	220V/380V	大米	24/40kg/min
功率	6kW/9kW	面制品	18/40kg/min
蒸汽压力值	0.02MPa		

6. 车载冷柜

车载冷柜技术参数见表 5.6。

表 5.6　　　　　　　　　　　　　　　车 载 冷 柜 技 术 参 数

电压	220V	规格	1500mm×800mm×800mm
功率	0.4kW	温度	0～10℃

7. 燃气灶

燃气灶技术参数见表 5.7。

表 5.7　　　　　　　　　　　　　　　燃 气 灶 技 术 参 数

产品类型	双炒一温	产品燃料	天然气/液化气
产品尺寸	1800mm×800mm×800mm	点火方式	电子打火
产品质量	67kg	风机功率	120W
灶眼数量	2 个	热负荷	30kW/眼
水缸数量	1 个	面板材质	201 不锈钢
炉腔内径	31cm		

5.3　设 备 操 作 使 用

5.3.1　底盘车辆

1. 供水系统

该系统由置于车厢前方左右顶部的两个连通水箱及管路组成，容量约 400L，可供蒸饭、洗菜、做汤、饮用等。将随车附件箱内带有快速接头的上水管取出，一端与水箱的快速接头连接，另一端接自来水水龙头，打开水箱和自来水的阀门即可向箱内注水。当车厢顶部的出水孔溢水时，表示水箱已注满。关闭水箱和自来水阀门，将水管盘好放于附件箱内。当作业完毕且长时间不使用时，应将水箱内的剩水放尽，以防水变质影响水箱清洁。

2．排风系统

排风系统由 3 个排风扇组成，用于排出舱内热气，操作步骤如下。

（1）打开灶台上方的护罩，拉动排风扇拉绳，将百叶打开，盖好护罩。合上配电盘上的排风扇断路器，排风扇开始工作。

（2）使用完毕，断开排风扇断路器，打开护罩，拉动拉绳关闭百叶后盖好护罩。

5.3.2　雅马哈 EF6600 发电机

1．操作前检查

（1）将机组水平放置检查机油，油位以机油加至机油口处为准。

（2）检查各连接部件有无松动异常，机组各部件正常后方能启动机组。

（3）使用 92 号以上汽油，根据所使用时间添加，最高加至油箱滤清器肩部，装好油箱盖。

2．启动及停止发电机

（1）启动。

1）卸下交流输出端负载，将交流断路保护器关闭。

2）将燃油阀打开，将风门把手置于"关"的位置。

3）将发动机引擎开关打开，把启动拉手轻轻拉起，直到感到有阻力为止，然后突然拉出。

4）待机组启动后，将风门置于"开"的位置。

5）检查电压及机组运转是否正常。

（2）停机。

1）关闭交流断路器，2～3min 后，关闭引擎开关。

2）关闭燃油阀。

3．安全事项

（1）在发电机上连接两个以上的负载时，应先接通启动电流高的负载。

（2）发电机在连接负载时，应由专业人员来进行连接。

（3）磨合期间，负载电气功率总和不得超过发电机的额定功率。

5.3.3　电饭锅

1．操作使用

（1）淘洗大米时，不宜直接用内锅洗米，以免碰撞引起锅底变形而影响使用。宜用其他容器将米洗净后再倒入内锅，然后再加入适量清水，并将大米摊平。如果大米局部超出水面，会造成夹生饭。

（2）将内锅轻放入电饭锅外壳内，为了使内锅锅底与电热盘有良好的接触，放置后应将内锅向左、右旋转几次。

（3）将电饭锅的电源插头插入市电插座后，电饭锅指示灯即亮，表示电饭锅已接通电源，但不表示煮饭，只是作保温。因此每次煮饭时，必须把开关按键按下，才能使电饭锅进入煮饭阶段。当生米煮成熟饭时，按键自动复位，指示灯随之熄灭，这是饭熟的信号，再焖 10～15min，饭则更熟透、更加松软可口。

（4）饭熟后，煮饭指示灯熄灭，同时保温指示灯会亮起，表示电饭锅自动保温在 60～80℃之间。低于 60℃时，煮饭指示灯亮，电饭锅开始加热。高于 80℃自动停止加热。如不需要保温应将电源插头拔出。

2. 安全注意事项

电饭锅属于Ⅰ类电器，为了确保使用安全，必须安装可靠的接地地线，这样可避免触电事故的发生。

（1）电饭锅电源线上的插头是电饭锅专用插头，不宜擅改。若要改动，应使用足够容量的三脚插头，并按原接线方法连接好导线，其中黄、绿双色导线必须接地，不能接错。

（2）放置电饭锅时，应放置在绝缘性能良好的（如瓷面或水泥面）板上，不宜放在木制品或易燃物上使用，以免引起意外事故。

（3）每次将内锅放入外壳之前，必须将内锅表面，特别是锅底的水珠擦拭干净。

（4）内锅的底部、边缘和电热盘均不能碰撞，以免变形，降低热效率，严重变形，会导致烧坏发热盘。

（5）内锅的锅底与发热盘接触面应保持清洁，不能有异物（如饭粒等）介入；否则会导致内锅倾斜。

（6）放置内锅时应轻轻放下，而且要放正，切忌猛力掷下，以免内锅锅底变形或导致电热盘损坏。

5.3.4　蒸箱

安全注意事项：

（1）蒸箱使用前必须检查蒸箱内的水位和水质状况，保持水位高度和水质符合要求。

（2）使用时应先加水，再关蒸箱门，检查无误后再打开开关，防止意外发生。使用时检查自动进水阀是否正常，确保蒸箱里的水量满足要求。

（3）经常保持蒸箱卫生干净，每次使用完毕后及时清理干净，定期除碱垢，放水、换水，必须使用净水器供水，检查供水系统是否完好。

（4）打开蒸箱门时，要关闭气阀，要让门口水蒸气散发完后再取出物品，以免水蒸气迎面扑出烫伤脸部。

5.3.5　冷柜

安全注意事项：

（1）入柜食品不应高于 35℃。

（2）工作时尽量减少开门次数。

（3）食品堆放均匀，避免紧贴。

（4）不宜将温度调得太低，以免压缩机负荷过大。

5.3.6　灶台

1. 操作方法

（1）煤气灶点火方法。打开气源开关（管道阀门），完全按下旋钮，并逆时针旋转至

90°点火。点火后，如果火焰不稳定，说明按住旋钮时间不够，请按上面方法重新操作一次。

（2）风门的使用。出现黄火、红火、熏锅等情况，将风门进风量加大。火焰飘离或火苗过高，将风门进风量减小。

2. 注意事项

使用完煤气灶具后，应注意随手关闭灶前阀门及气源开关（管道阀门）；使用煤气胶管长度标准为 1.5m，但不得超过 2m，并定期检查、更换胶管（18 个月），煤气灶具下不得铺垫报纸、木板、塑料等助燃物；长时间离开时，应将煤气表前阀、灶前阀同时关闭，防止意外事故。

5.4　设　备　管　理

5.4.1　底盘车辆维护

（1）每次行驶后，均应洗净车厢外部及底盘上的尘土，清除车厢内的木屑、杂物等，保持内外整洁。

（2）给各设备、机具的润滑部位加注或涂抹润滑脂；将工具设备擦净，涂上防锈油脂。

（3）检查车厢、车内设备紧固件的连接情况，如有松动应予以紧固。

（4）检查车内设备是否完好，各种工具、机具及附件是否齐全，放置是否就位。

（5）检查并补充燃油、润滑油（齿轮油等）、冷却水。

5.4.2　雅马哈 EF6600 发电机

1. 运行维护

（1）注意运行过程中机线有无异常现象，有无漏油、漏气现象，发现应及时排除，以防产生重大事故。

（2）检查曲轴箱内机油油面，机油不足时应添加到机油尺上面刻度线处，因油量不足或油质不佳会使发动机的曲轴、连杆、活塞、气阀等零件严重磨损，并引起重大事故。

（3）检查各紧固螺钉有无松动并紧固。

（4）擦拭机组，去除污垢，保持机组整洁。

2. 定期保养

更换曲轴箱内机油：当发电机工作时间累计满 100h 应放尽机油，然后加足清洁机油（在出场后第一次工作 20h 后应更换一次）检查发电机组各连接螺栓、发电机地脚螺栓有无松动。

（1）第一次要在运行 20h 后进行更换机油过滤器，以后每 200h 更换一次。

（2）注意更换机油过滤器后要让发电机发动 2min，然后停止，检查是否有漏油现象，并检查油位。

（3）每 100h 清理火花塞和燃烧室，并调整火花塞间隙。

（4）每 300h 调整气门间隙。

维护保养周期见表 5.8。

表 5.8   维 护 保 养 周 期 表

项　　目	第一次 50h	200h	400h	1000h	2 年
检查发电机的连接紧固、清洁情况	○	○	○	○	○
检查润滑油油面（机油）	○	○	○	○	○
换润滑油（机油）	○		○	○	○
检查空气滤芯	○	○	○	○	○
清洗空气滤芯	○		○	○	○
更换空气滤芯		○	○	○	○
清洗火花塞			○	○	○
检查和更换炭刷				○	○
清洗燃油箱开关				○	○
更换进油软管					○

注 ○标识执行，每 1000h 要对发电机大修，检查轴承，更换橡胶垫。

3．更换机油

（1）打开机油加注口盖（机油尺）。

（2）松开放油螺栓，排除机油。

（3）装好放油螺栓。

（4）加注机油到机油尺油位上限。

（5）装好机油尺。

4．火花塞维护

（1）卸下火花塞帽，卸下火花塞。

（2）清除火花塞上的积炭。

（3）测量火花塞间隙，并调整到 0.7～0.8mm 范围。

5.4.3 空调

（1）经常检查空调电器插头和插座的接触是否良好，若发现空调在运行时，电源引出线或插头有发烫现象，可能是电器接线太细或插头、插座接触不良，应采取措施加以解决。

（2）经常观察空调制冷剂管路的接口部位是否有制冷剂泄漏。若发现有油渍，则说明有制冷剂漏出，应及时予以处理，以免长时间泄漏造成制冷剂量不足，影响空调的制冷（热）效果，甚至造成压缩机损坏。

（3）经常清扫空调器面板和机壳的灰尘。一般使用干布擦拭。先擦拭，然后再用清水湿擦布擦除掉洗涤剂。

（4）定期清洗空调的空气过滤网。一般 2～3 周清扫一次。清扫时将过滤网抽出，用干的软毛刷刷去过滤网上的灰尘。也可用清水清洗去过滤网上的灰尘。晾干后再装入空调使用。

（5）空调器要长期停机时（如空调器的季节性停机）应对空调器做全面清洗。清洗好后只开空调的风机，运转 2～3h，使空调内部干燥，然后用防尘套将空调器套好。

5.4.4　电饭锅

（1）电饭锅在使用后应清洗内锅，刷洗干净后用抹布擦干表面以及内在的水分再放入锅内。

（2）避免锅底的碰撞，从而使内胆变形。

（3）避免煮食酸性和碱类的食物。

（4）蒸汽口易留下米汤残渣等，要注意清洗。

5.4.5　蒸箱

（1）蒸箱外壳不宜接近酸碱之类腐蚀物，以防腐蚀氧化。

（2）蒸毕后应清洗蒸箱，并定期擦洗电热元件表面（一般一周两次）。禁止用喷水管冲洗，避免因机器进水造成设备漏电发生危险。禁止用过硬的金属铲刮表面。及时更换水箱用水。

（3）流水需经常检查是否畅通，如发现进水孔结垢堵塞应尽快进行处理，以免造成缺水干烧。

（4）每次蒸饭之后放尽水箱中的余水并清除水垢，以防水垢在浮球阀及发热管上聚积引起浮球阀堵塞及发热管干烧。

5.4.6　冷柜

（1）切断电源，打开冷柜门。

（2）除冷柜内已过期的各种物品，并将需要保留的东西移出，放在盘子内。

（3）用温热法除去冷柜冷冻部分的冰或霜。

（4）用抹布蘸取饮用水擦拭冷柜内中各个角落。

（5）抹布拭去冷柜内多余的水分，并将需要保留的东西放入冷柜内。

（6）随时检查冷柜制冷情况和冷柜内的温度，如出现异常问题要求设备维修部修理，以确保冷柜的正常运行。

（7）每季一次对冷柜内外做清洁，使冷柜内保持洁净，无异臭。

5.4.7　灶台

（1）对堵塞燃烧器的情况要及时清理。

（2）发生点火困难时应检查电极与灶台距离是否过大，点火孔是否畅通，压电陶瓷是否失效（火弱），金属构件有无脱落等；否则应及时报修。

（3）火焰发现脱火、回火、黄焰等不正常现象，调整风门使火焰正常。

（4）使用中经常观察火焰状态，及时发现因沸水、刮风等原因引起的熄火，刺鼻焦煳味、漏气味，不正常燃烧的声音，出现问题立刻关闭气源，检查原因并维修后使用；出现漏气应开窗通风，不要开抽油烟机、排风扇等电器，防止火星引燃燃气。

（5）定期清除污物，及时消除灶面、软管油污杂质，定期更换软管。

（6）定期用发泡剂检查灶具、供气系统气密性。

5.5　常见故障与排除

5.5.1　底盘车辆（参见应急排水车车辆故障与排除）

底盘车辆故障与排除见表 5.9。

表 5.9　　　　　　　　　　　　　底盘车辆故障与排除

故 障 现 象	故 障 原 因	故 障 排 除
启动无响应	蓄电池欠压	蓄电池充电
	蓄电池开关	闭合开关或更换
	启动电机损坏	更换
启动不运转	供油问题	加满燃油
		排除油路空气
	输油泵故障	更换
车辆灯光不亮	线路或灯泡损坏	检查及更换
轮胎欠压	轮胎气嘴问题	更换
	被扎破	拆卸、修补

5.5.2　雅马哈 EF6600 发电机

雅马哈 EF6600 发电机故障与排除见表 5.10。

表 5.10　　　　　　　　　　雅马哈 EF6600 发电机故障与排除

故 障 现 象	故 障 原 因	故 障 排 除
发电机组启动无响应	机组紧急停机按键问题	复位紧急停机按键或维修
	启动蓄电池电压过低	拆卸蓄电池充电或更换
	启动电机损坏	更换
	控制系统故障	更换钥匙或控制芯片
发电机组柴油机不能启动成功	启动蓄电池欠压	拆卸蓄电池充电或更换
	柴油机油路有空气	加满柴油箱，依次排除柴油输油管、柴油滤清器、输油泵、柴油泵等处空气
	柴油机输油泵损坏	更换输油泵
	柴油泵损坏（一般在燃油大量含水或机组工作年限较长情况下会发生）	拆卸校泵

续表

故障现象	故障原因	故障排除
发电机组柴油机运转速度不稳定	天气寒冷	运行观察5min
	柴油机油路有空气	排除油路中空气
	柴油机喷油嘴损坏	排查、更换喷油嘴
	负载过大	减少负载
发电机组启动后无电力输出	控制箱电源输出空气开关问题	打开电源输出空气开关或更换
	过载断电保护	减少负载或排除漏电
	机组发电机故障	维修或更换

5.5.3 空调

空调故障与排除见表5.11。

表5.11　　　　　　空调故障与排除

故障现象	故障原因	故障排除
制冷效果差	氟利昂不足	补充氟利昂
漏水	排水管有落差	修复
	过滤网堵塞严重	更换过滤网
	蒸发器温度异常	更换蒸发器

5.5.4 电饭锅

电饭锅故障与排除见表5.12。

表5.12　　　　　　电饭锅故障与排除

故障现象	故障原因	故障排除
指示灯不亮	电源或指示灯故障	维修电源或更换指示灯
不能制热	发热盘变形或损坏	更换发热盘

5.5.5 蒸箱

蒸箱故障与排除见表5.13。

表5.13　　　　　　蒸箱故障与排除

故障现象	故障原因	故障排除
供水箱满溢	进水压力过高	调整水压或进水开关
水箱水少或无水	浮球阀堵塞或无水压	修理或调整浮球阀，保证水源

5.5.6 冷柜

冷柜故障与排除见表5.14。

表 5.14 冷 柜 故 障 与 排 除

故 障 现 象	故 障 原 因	故 障 排 除
制冷效果差	压缩机工作异常	检查电源电压或检修压缩机

5.5.7　灶台

灶台故障与排除见表 5.15。

表 5.15 灶 台 故 障 与 排 除

故 障 现 象	故 障 原 因	故 障 排 除
火苗小	燃烧器火盖火孔被污物堵塞，阻碍燃烧器混合气体流出	清理污物
	喷嘴堵塞	拧下喷嘴清理干净
	调压器进气口和喷嘴被铁锈堵塞，阻碍瓶体内燃气流出	更换合格的调压器
	胶管折扁通气受阻	理直胶管
燃气灶不能打火	点火针断裂	更换点火针
	阀体故障	更换阀体
火打着后马上熄灭	热电偶、感应针导线没接好或接触不良	接好热电偶、感应针导线

第6章

卫星通信指挥车

6.1 设 备 概 述

防汛抗旱卫星通信指挥车是一辆用于防汛抗旱抢险现场应急通信指挥的车辆，具有指挥调度功能、信息交互与处理功能、通信保障功能、视频会议功能等。能够动态监控现场情况，指挥和部署现场各种力量，确保对现场实施指挥调度；具有语音、图像、数据等各种信息交互、处理、存储能力，各种信息可以集中控制，便于操作；通过卫星、有线和无线等手段与省指挥中心组建网络，实现语音、图像、数据的互联互通，确保与省防汛指挥中心之间的图像、数据和语音的远程通信，并配备手持机等无线通信设备，为现场工作人员提供相互之间的语音通信手段；还配置有与省指挥中心相同的视频会议终端设备，可参加部、省防汛指挥中心召开的视频会议，并通过省指挥中心连接其他应急指挥中心的视频会议。

6.2 基 本 结 构

6.2.1 整体图示

卫星通信指挥车见图6.1。

6.2.2 主要技术参数

1. 底盘参数

底盘选用越野性能较好的奔驰816D厢式货车，其技术参数见表6.1。

2. 音/视频及控制子系统参数

音频系统的核心设备是调音台，它负责所有音频信号的切换、混合、音量控制等。熟练掌握数字混音器的使用方法是掌握整个音频系统的关键。此外，弄清楚各个音频设备之间的连接关系也是掌握整个音频系统的关键因素。图6.2表明了音频设备的连接关系和音频信号

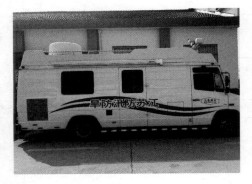

图6.1 卫星通信指挥车

的传输链路。

表 6.1　　　　　　　　　　　　奔驰 816D 厢式货车技术参数

车型品牌	梅赛德斯-奔驰	货箱内部尺寸	4930mm×1900mm×1930mm
型号	威雷（816D）	轴距	4250mm
发动机	OM904LA	满载总质量	7490kg
排量	4249	整备质量	4005kg
汽缸数	直列 4 缸	载重	3485kg
额定功率	115kW（156hp）/2200r/min	变速箱	手动 6 挡位
最大扭矩	610N·m/1200～1600r/min	驱动行驶	4×2
长×宽×高	7210mm×2206mm×2850mm	制动系统	双回路气动液压四轮盘式制动

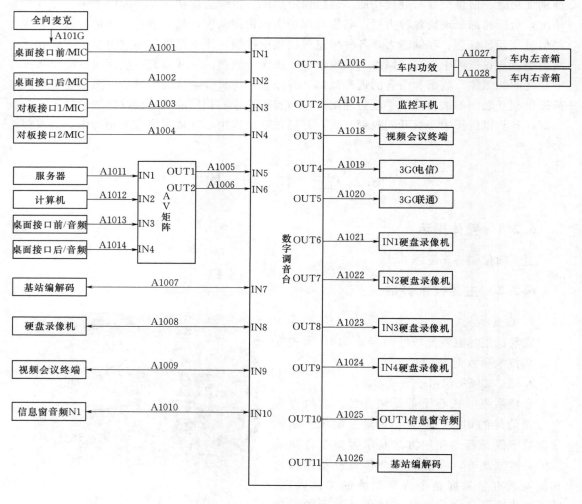

图 6.2　音频信号连接

　　视频系统的核心设备是矩阵。车上配备了复合矩阵和高清矩阵，复合矩阵具有音频、视频、VGA 信号切换功能。高清矩阵用来对高清图像进行选择和切换。图 6.3 和图 6.4 表明了视频设备的连接关系和信号的传输链路。

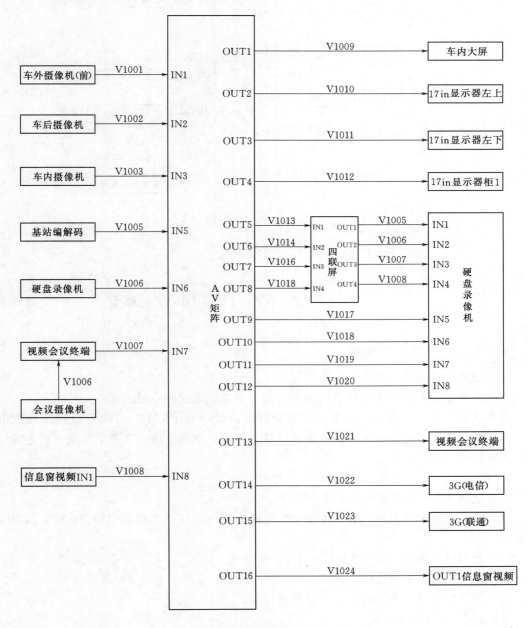

图 6.3　视频信号连接

　　从以上可以了解到各个设备之间的连接关系、信号的路由以及线缆编号等信息，为今后在操作和维修时查阅资料提供了方便。

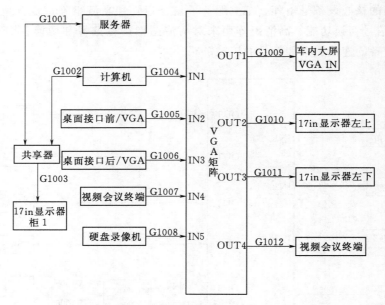

图 6.4　VGA 信号连接

6.3　设　备　使　用

6.3.1　综合保障子系统

1. 应急指挥车供电原则

优先选择使用市电，在指挥车内配有三相、单相电源线各一根。

无市电时，使用自备油机供电，应急指挥车自备一台 PVMV‑12NE 熊猫柴油发电机，作为应急指挥车电源输入，供车内各设备、照明、空调使用。自备柴油发电机电源线直接从油机接入舱内配电箱。

2. 市电加电

市电供电时，设备加电的操作步骤如下。

（1）电源接口窗接上地线后再外接市电电源电缆（三相、单相分别对应 380V、220V 插座）。

（2）分别打开市电 380V 开关或市电 220V 开关。

（3）按下配电箱电源按钮。

（4）按下配电箱上照明按钮，车内照明灯亮。

（5）按下 UPS 电源开关。

（6）按下各机柜底部转接板电源开关，各设备即已加电。

（7）打开各设备电源。

3. 柴油发电机加电

柴油发电机采用一台熊猫 PVMV‑12NE 全封闭水冷交流发电机，全封闭水冷交流发电机遥控盒面板说明如图 6.5 所示。

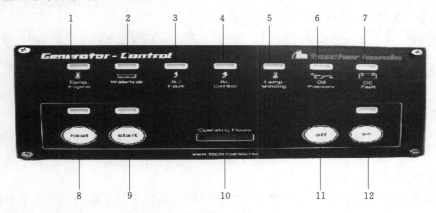

图 6.5　发电机面板示意图

1—冷却液温度报警灯；2—漏水报警灯；3—交流电压报警灯；4—交流电源指示灯；
5—绕组温度报警灯；6—机油压力报警灯；7—12V 蓄电池充电灯；8—加热装置
预热按钮；9—系统"启动"按钮；10—工作时间（以 h 计）计时器；
11—主电源"关闭"按钮；12—主电源"开启"按钮

（1）启动前的检查。

1）检查油位（应位于最高位置）。

2）发动机冷却系统（所有的入口和出口阀打开）。

3）与温控开关的电气连接。

4）电源选择器开关（市电/发电机电源）。

5）切换至开关"O"，或断掉所有的消耗装置。

6）将主蓄电池开关开至"ON"（如果安装有此开关）。

7）打开燃油入口阀（如果安装有此阀门）。

8）启动发电机。

9）按遥控屏上的"ON"按钮，此时机油压力灯、电池充电灯及开启灯将亮。

10）按下并持续按住"加热"按钮最多 15s，以预热加热装置。当按钮按下时，LED
灯应该亮。

11）按下"启动"按钮 2～4s 或直到你观察到发电机运行起来。发电机一旦运行，立
刻释放"启动"按钮（否则启动电机将被严重损坏）。在按下"启动"按钮时，与之相应
的 LED 灯应亮。启动之后，所有的 LED 灯都应灭，交流电源指示灯则应亮。

（2）运行中的检查。用伏特表检查电源。

（3）停止发电机。

1）关掉所有的电气装置（用电装置）。如果发电机组在满负荷下工作了较长一段时
间，则不要突然地将其关掉。将电负荷最少减至额定负荷的 30%（4kW 的 30%，约为
1.2kW），并使其运行约 5min。

2）将主电源开关按至"关"的位置。

3）根据需要关掉主电源。

（4）配电箱使用。载配电控制器提供三相交流（线电压 380V）输入、单相交流（220V）输入、柴油交流发电机（220V）输入共 3 个电源输入口；提供 UPS 输入输出、空调、照明、应急照明，具有自动切换功能、三相交流缺相检测、短路保护、过流保护及漏电保护等功能。车载综合电源设备配电箱如图 6.6 所示。

当三相市电、单相市电、油机中至少有一个输入正常时，按下配电箱电源按钮，当配电箱电压、电流有显示时，表示配电箱有电源输入，可正常工作。

在接入外接电源时，必须仔细检查外接电源的相线、零线以及电压值是否符合接入电源的要求。

接上电源线缆，按下相应的开关。

当有电源进入配电箱后，按下配电箱电源按钮，当配电箱电压、电流有显示时可正常工作。

（5）UPS 使用。UPS 为车内主要设备（计算机终端、网络设备等）提供不间断电源，当没有外界电源输入时，满充的 UPS 可为系统提供不少于 30min 的供电时间。UPS 面板如图 6.7 所示。

图 6.6　车载综合电源设备配电箱

图 6.7　UPS 面板

1）接通市电，开机。

a. UPS 接通市电，进入旁路工作模式有输出。

b. 持续按开机键 1s 以上，UPS 开机。

c. UPS 开机首先进入自检状态，自检完成后，UPS 进入逆变输出状态，此时市电指示灯、逆变指示灯、负载/电池容量指示灯亮。

2）未接市电，开机。

a. 持续按开机键 1s 以上，UPS 开机。

b. UPS 开机首先进入自检状态，自检完成后，UPS 进入逆变输出状态，此时电池指示灯、逆变指示灯、负载/电池容量指示灯亮。

3）市电逆变输出状态下关机。

a. 持续按关机键 1s 以上，UPS 关机。

b. UPS 关机首先进入自检状态，自检完成后，UPS 进入旁路工作模式，此时市电指示灯、旁路指示灯亮。

c. UPS 进入旁路输出工作模式仍有输出。若要无输出，必须断开市电输入或将后盖板闪 Breaker 置 OFF。

4）电池逆变输出状态下关机。

a. 持续按关机键 1s 以上，UPS 关机。

b. UPS 关机首先进入自检状态，自检完成后，UPS 关闭输出。

（6）接地防护。系统接地的好坏直接影响应急指挥车内设备和人身安全。因此，保证系统良好接地非常重要。接地防护主要保证人身的安全及电子设备正常运行。电源接口设接地汇接点，通过接地汇接点，对外与接地极相连；对内分别与信号地、保护地、交流地相连。

接地极选用铜棒。在本车开设时，必须先将接地铜棒打入地下。取出地桩、接地导线和铁锤，选择潮湿泥土地，把地桩打入 1.2m 深泥土中，把接地导线一端固定在地桩，用螺钉拧紧，另一端接在电源接口窗接地接线柱上，如图 6.8 所示。

为了使系统接地电阻尽量低，建议选择潮湿泥土地打地桩。

完成接地工作后，用接地电阻测试仪检测接地电阻，要求接地电阻应不大于 30Ω。若所测接地电阻不能达到指标要求，则应通过其他途径改善接地电阻。如果接地电阻比较大，采用以下方法可以改善接地电阻。

1）在所打地桩处用盐水浇注。

2）使用多个地桩，用导电地网连接。

3）增加地桩与大地接触面积。

4）避雷防护主要包括电源避雷和信号避雷。

图 6.8　接地防护

5）人防指挥车在电源接口窗后安装了避雷器，用于防止雷电从电源线窜入系统，对系统设备造成破坏。

6）另外，还在信号接口窗上安装了避雷器，用于防止雷电从信号接口窗窜入系统，对系统设备造成破坏。

7）舱内设备与舱体等电位连接，可有效地防雷电感应。防雷接地不单独设防雷接地极，防雷接地接入系统接地极。在本车开设前必须先行检查各设备是否良好接地到系统接地极。

8）系统接地的好坏直接影响指挥通信车车内设备和人身安全。因此，保证系统良好接地非常重要。

6.3.2　音/视频及控制子系统

Clear One PSR1212 是一个提供 12×12 矩阵数字调音台，并结合应用的理想解决方案。除了提高音频性能、增强管理、简化配置外，PSR1212 还提供业界领先的扩展 Capabilties 以适应几乎任何大小的场地。

（1）前面板，如图 6.9 所示。

1）B 型 USB 接口：用于连接笔记本或台式机。

图 6.9 前面板及说明

1—B 型 USB 接口；2—LED 指示灯；3—液晶显示屏；4—旋转按钮；

5—退出键；6—SELECT 键；7—LED 指示灯

2）LED 指示灯：用于显示麦克风工作状态。

3）液晶显示屏：显示型号、单位名称、IP 地址、固件版本、菜单页面、菜单选项、配置设置和参数值。

4）旋转按钮：用于菜单修改基本设置。

5）退出键：返回上一层菜单。

6）SELECT 键：执行菜单中确认选择。

7）LED 指示灯：显示输入输出音频信道音频水平。

（2）后面板，如图 6.10 所示。

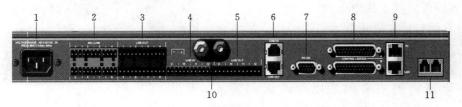

图 6.10 后面板及说明

1—IEC 连接器；2—麦克风/线路输入 8 路；3—线路输出 8 路；4—线路输入 4 路；

5—线路输出 4 路；6—RJ-45 输入输出口；7—RS-232 串行端口；

8—控制/状态 A 和 B 端口；9—计算机和 LAN 以太网端口；

10—音箱/功放接线端子；11—电话连接口

1）IEC 连接器：100～240V 交流自动调整，50/60Hz。

2）麦克风/线路输入：8 路麦克风或线路电平输入。

3）线路输出：8 路电路电平输出。

4）线路输入：4 路电路电平输入。

5）线路输出：4 路电路电平输出。

6）RJ-45 输入输出口：用于多台调音台级联。

7）RS-232 串行端口：用于连接笔记本、台式机或其他串行接口控制设备。

8）控制/状态 A 和 B 端口：两个连接器 DB25 孔用于连接诸如墙壁开关和一键通话麦克风之间的汇合专业设备和外部控制设备。

9）计算机和 LAN 以太网端口：两个 RJ-45 10/100Mb/s 自适应以太网口。通过直通线连接网络用于监控 LED 指示每个端口的连接状态和数据包流量的活动情况。

10）音箱/功放接线端子：用于外部扬声器（4～16Ω）连接。

11）电话连接口：RJ－11 电话口连接电话机听筒。

（3）使用说明。数字调音台的操作通过车上集中控制主机和触摸屏进行选择、切换、音量调节等操作，也可通过连接计算机用软件进行全面操控，如图 6.11 所示。

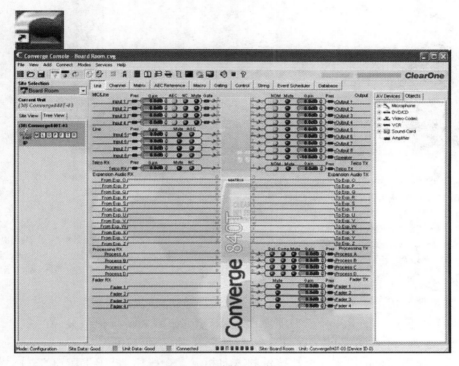

图 6.11　计算机软件界面

6.3.3　摄像系统

1. 车内摄像机

具有高缩放比率（18×光学、12×数字），带有 Exview HAD CCDTM 的超级图像质量，最小照明 3.5lx，水平分辨率 460 TV 线（EVI－D70P）；可天花板可安装或桌面安装，RS－232 或 RS－422 串行控制（VISCATM 命令）。系统中车有一个 D70P 摄像机。

（1）面板，如图 6.12 所示。

（2）遥控器，如图 6.13 所示。

（3）操作说明。全景拍摄-倾斜拍摄操作。

1）按 POWER（电源）开关。摄像机通电，自动执行全景拍摄-倾斜拍摄复位动作。

2）按箭头键来改变摄像头的方向。当在屏幕上检查图像时，按所需的箭头键。

3）如要一点一点移动摄像机，仅按按键一下。如要大范围移动摄像机，一直按住按键。如要对角移动摄像机，在按住箭头键（↑）的同时按箭头键（←）。

4）如要使摄像机恢复面向前方，按 HOME 键。

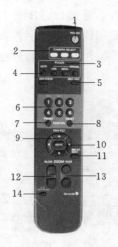

图 6.12　车内摄像机面板示意图

1—电源指示灯；2—待机指示灯；3—遥控接收窗；4—图像翻
转开关；5—红外选择开关（给摄像机编号）；6—RS－422 输
入端口；7—复合视频输入端口（VIDEO）；8—S 视频输入
端口（S－VIDEO）；9—RS－232 输入端口；
10—RS－232 输出端口；11—电源输入端口

图 6.13　车内摄像机遥控器说明

1—电源开关；2—CAMERA SELECT 选择摄像机号；
3—聚焦；4—自动聚焦；5—背景灯光；6—数字键；
7—PRESET；8—RESET；9—箭头键；10—初始
复位键；11—全景拍摄-倾斜拍摄
复位键；12—慢速变焦；13—快速变焦；
14—L＼R DIRECTION SET

　　5）如果偶然用手移动了摄像机头，全景拍摄与倾斜拍摄的角度就会与摄像机在正常位置时的角度不同。按 PAN－TILT RESET（全景拍摄-倾斜拍摄复位）键，或者将 POWER（电源）开关置于 OFF（关闭），然后再置为 ON（打开）。

　　6）希望使摄像机的方向与所按按键的方向相反，在按住 L＼R DIRECTION SET 键时按 REV 键。如要使设置复位，在按住 L＼R DIRECTION SET 键时按 STD 键。

　　（4）使用遥控器操作多个摄像机。将想要操作的摄像机的 IR SELECT 开关设置为 1、2 或 3。

　　按下与前面设置的数字对应的 CAMERA SELECT 键，然后就可以操作数字指定的摄像机。每次使用遥控器操作摄像机时，按下的 CAMERA SELECT 键就会变亮。

　　（5）调整摄像机。

　　1）聚焦。如要使摄像机自动聚焦，按 AUTO 键。摄像机自动对屏幕中心的物体聚焦。如要使摄像机手动聚焦，在按 MANUAL 键之后，按 FAR 键或 NEAR 键使摄像机聚焦。

　　2）变焦。按 4 个 ZOOM 键中的任意一个。

　　（6）摄像机存储设置-预置特性。可预先设置多达 6 种设置组合，即位置、变焦、聚焦与背景光等。

　　确认 STANDBY 指示灯没有闪烁。如果 STANDBY 指示灯在闪烁，按 PAN－TILT RESET（全景拍摄-倾斜拍摄复位）键使全景拍摄-倾斜拍摄位置复位；

　　调整摄像机的位置、变焦、聚焦与背景光。在按住 PRESET 键的同时，按 POSITION 键 1～6 中的任意一个。

如要取消预置存储，在按住 RESET 键的同时，按设置要被取消的 POSITION 键。

2. 车外摄像机

1/4in ExView - HAD PS CCD，37 倍光学变焦，16 数字变焦，焦距为 3.5～129.5mm；600 TV Lines 电动变焦，自动聚焦；总像素为 795（水平）×596（垂直）；有效像素为 752（水平）×582（垂直）；最低照度为彩色 0.7Lux@F1.65（50IRE），0.001 水平清晰，宽动态；虚拟逐行扫描，VPS 日夜功能，机械式，（3D＋2D）背光补偿；区域设置先进的移动侦测功能暗区补偿，XDR 隐私遮挡采用多边形马赛克，12 区域 DIS（数字图像稳定）CCVC（同轴视控，控制器：RS－485）；控制（多协议支持）多语言预置 512 区域，报警输出 1 区域直流 12V 供电。

（1）面板与接口，如图 6.14 所示。

车外摄像机通过集控操作台进行控制。

（2）云台防护罩。永久型重载磁同步电机，齿轮驱动，具有云台停机保护功能，抗强风，运行平稳、可靠，压铸铝结构，内置自动加热系统，内置解码器，32 个预置位，有镜头预置功能，支持 YAAN、AD、PELCO 等多种通信协议，最大负载为 17kg，防护等级为 IP66，工作温度为－45～55℃，电源为 24V/AC；防护罩带雨刷、风扇和加热器，如图 6.15 所示。

控制通过集控系统进行控制。

3. 车后摄像机

车顶吸盘式摄像机用于需要对外界监控时，将摄像机吸附于车顶，监看车载周围发生的情况。

（1）设备说明及连接，如图 6.16 所示。

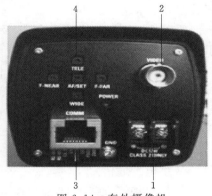

图 6.14　车外摄像机

1—电源控制接口；2—输出接口（BNC）；
3—控制接口；4—控制按钮

图 6.15　云台防护罩

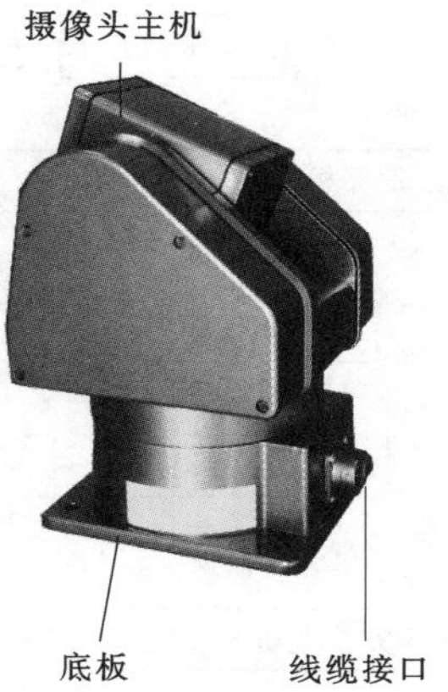

图 6.16　车外摄像机示意图

（2）遥控器使用说明，如图 6.17 所示。

天线：如果控制距离比较远，应把天线拉得足够长。

波码地址：No. 1～4。

仅 PELCO - P/D 协议可以使用遥控器控制，若修改软地址，遥控器不可以控制云台。

6.3.4　卫星通信

（1）SOMA800 动中通天线。

1）设备组成。车载动中通天线系统由天馈线子系统、转台子系统、伺服控制子系统组成。步进电机及编码器、电机驱动器、信标接收机、陀螺惯导和控制单元等部件组成伺服控制子系统。

伺服控制子系统的设备组成及工作原理如图 6.18 所示。

伺服控制系统由惯性传感器、信标接收机、主控模块、从控模块、控制解算模块、供电单元、天线控制单元（ACU）组成。

2）接线关系。

a. 控制电缆：ACU 与转台相连（10 芯航空头电缆，包含 24V 供电、通信）。

b. 惯导电缆：惯导与转台相连（8 芯航空头电缆，包含 12V 供电、通信）。

c. 中频电缆：接收一根，由 LNB 的输出口到调制解调器输入口上；发射一根，由调制解调器输出口到功放的输入口。

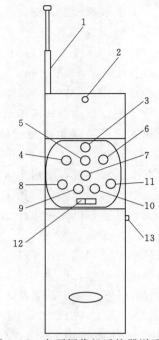

图 6.17　车顶摄像机遥控器说明
1—天线；2—指示灯；3—上；4—左；5—打开菜单；6—右；7—下；8—光圈打开；9—变焦拉近；10—变焦拉远；11—光圈关闭；12—地址开关；13—电源开关

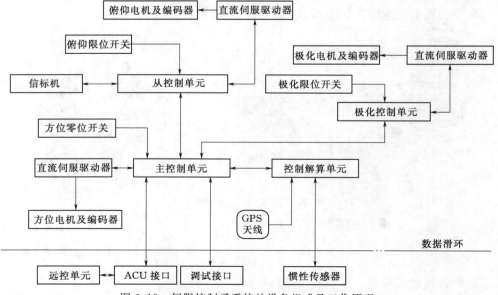

图 6.18　伺服控制子系统的设备组成及工作原理

具体接线如图 6.19 所示。

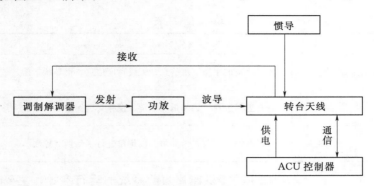

图 6.19　接线关系框图

（2）ACU 前面板。

1）前面板主要由以下几部分组成。

屏幕：用于显示系统界面。

按键：包括上、下、左、右、确认、返回键。

电源开关：用于打开或关闭系统的供电。

2）按键使用习惯。前面板的控制键用于对设备进行控制操作，了解表 6.2 的内容，便于快速掌握设备的使用方法。

表 6.2　　　　　　　　　　　　　　按　键　表

按键图标	功能	按　键　作　用
↑	向上	改变光标激活处文字，使数字向上增大，或使文字型菜单以向上的顺序切换
↓	向下	改变光标激活处文字，使数字向下减小，或使文字型菜单以向下的顺序切换
←	向左	将光标向左切换，或将界面向左切换
→	向右	将光标向右切换，或将界面向右切换
ENT	确认	菜单图标：进入光标激活的菜单 提示窗：确认提示 设置界面：保存当前界面下的参数
CLR	返回	提示窗：取消操作 其他：返回上一级菜单

3）界面功能。在 ACU 加电后，会首先进入系统主界面，主要有监控显示、系统设置、手动控制三项菜单。用户可通过按键的左、右方向键选择需要使用的功能，如图标是高亮显示，表明该项功能被选中，可以按确认键进入该项功能菜单。

主界面主要包括表 6.3 中的功能。

表 6.3　　　　　　　　　　　　　　**功　能　表**

状态图标	功能	说　明
监控显示	监控显示	显示当前的跟踪卫星信息、天线角度信息、惯导状态信息
系统设置	系统设置	进行卫星选择、天线角度标定、惯导安装标定
手动控制	手动控制	对天线的方位角、俯仰角、极化角进行手动调节控制

4）监控显示。监控显示功能主要提供监控当前系统的运行参数，主要包括跟踪卫星信息、天线角度信息、惯导状态信息。可以通过使用左、右方向键切换界面，使用返回键可退到上一级菜单。在任意界面按确认键可进入自动切换界面模式，界面每 3s 自动切换一次，按任意键退出自动切换模式。

5）卫星参数修改。如需修改卫星参数，可采用以下步骤。

a. 将光标移动到卫星名称项，使用上、下方向键选择需要修改参数的卫星名称。

b. 将光标移动到极化方式项，使用上、下方向键选择需要跟踪的极化方式。

c. 将光标移动到卫星经度项，使用上、下方向键设置卫星经度，东经符号为"＋"，西经符号为"－"。

d. 将光标移动到信标频率项，使用上、下方向键设置跟踪的信标频率。

e. 修改完成后，按确认键保存参数。

6）卫星切换。如需进行跟踪卫星的切换，可采用以下步骤。

a. 将光标移动到卫星名称项，使用上、下方向键选择需要切换的卫星名称。

b. 将光标移动到极化方式项，使用上、下方向键选择需要跟踪的极化方式。

c. 确认卫星经度和信标频率无误后，按确认键确认。

d. 返回主菜单＞监控显示界面查看卫星跟踪情况。

7）卫星参数保存。在修改完卫星参数或切换卫星后，按确认键可以保存当前设置。保存后天线自动切换到最新设置的卫星参数。系统重新加电时，将自动选用最新的一次设置参数。

8）手动控制。如需手动控制天线角度变化，可以通过选择天线控制方式和旋转角速率，对天线进行控制。选择完成后，按回车键开始旋转，按返回键停止。在停止状态下，再按返回键时将退出手动控制模式。

当手动控制完成后，可以按面板上的返回键退出，天线自动进入自动跟踪模式。

手动控制界面说明见表 6.4。

9）卫星调制解调器。调制解调器采用 COMTECH 570L 的调制解调器。

CDM－570L 是工作于 L 频段的卫星调制解调器，应用于闭环网络；将编/解码器送来的音/视频信号、数据等 IP 包经信道编码，模拟调制成中频信号上送给 ODU；同时由 LNB 送来的中频信号解调成基带信号，以完成调制解调功能。

设备部件说明如图 6.20 和图 6.21 所示，各项技术指标见表 6.5。

表 6.4　　　　　　　　　　　界　面　表

参 数	说 明
控制方式	可以通过上、下方向键选择手动控制天线的方式，包括 8 种方式，即天线方位角正转、天线方位角反转、天线俯仰角正转、天线俯仰角反转、接收极化角正转、接收极化角反转、发射极化角正转、发射极化角反转
角速率	可以通过上、下方向键调整角度转动角速率
AGC 电平	查看当前接收机 AGC 电平
方位角	查看当前天线方位角
俯仰角	查看当前天线俯仰角
极化角	查看当前天线极化角

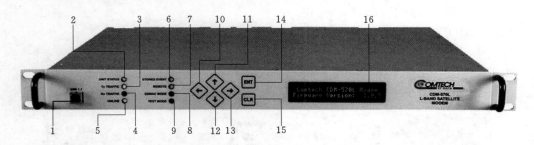

图 6.20　COMTECH 570L 前面板

1—USB1.1 接口（设备软件版本更新接口）；2—UNIT STATUS（设备状态指示灯）；3—Tx TRAFFIC（发送流量指示灯）；4—Rx TRAFFIC（接收流量指示灯）；5—ONLINE（在线状态指示灯）；6—STORED EVENT（日志文件存储指示灯）；7—REMOTE（远端模式指示灯）；8—EDMAC MODE（EDMAC 模式指示灯）；9—TEST MODE（测试模式指示灯）；10—左键（光标左移）；11—上键（光标上移）；12—下键（光标下移）；13—右键（光标右移）；14—ENTER（确认键）；15—CLEAR（返回键）；16—VFD 屏（真空荧光显示屏）

前面板指示灯说明如下。

UNIT STATUS：

红色——设备故障。

橙色——设备无故障，但是存在流量故障或者室外单元（ODU）存在故障。

绿色——设备工作正常。

Tx TRAFFIC：

绿色——发送正常。

熄灭——存在发送流量错误或发送载波处于关闭状态。

Rx TRAFFIC：

绿灯——接收正常。

熄灭——存在接收流量错误。

ONLINE：

绿灯——设备在网络中。

熄灭——设备脱网。

STORED EVENT：

橙色——设备中存有日志文件。

熄灭——无日志文件。

REMOTE：

橙色——设备处于远端模式状态。

熄灭——设备处于本地模式状态。

闪烁——室外单元频移键控被使能，并且存在通信故障。

EDMAC MODE：

橙色——设备处于 EDMAC 模式。

熄灭——设备不处于 EDMAC 模式。

TEST MODE：

橙色——设备处于测试模式。

熄灭——设备不处于测试模式。

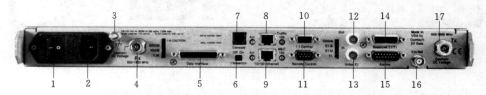

图 6.21　调制解调器后面板

1—电源开关；2—电源输入；3—GND；4—Rx IN 信号输入；5—数据接口；6—1：N 切换；
7—配置口；8—10/100 以太网数据口；9—10/100 以太网监控口；10—1：1 控制口；
11—远端控制口；12—G.703 数据接收口（不平衡模式）；13—G.703 数据
发送口（不平衡模式）；14—G.703 数据口（平衡模式）；15—警报口；
16—外参考输出口；17—TX OUT 信号输出

表 6.5　　　　　　　　　　　　　技 术 指 标

系统技术指标	频率范围	950～1950MHz、100Hz 频率分辨率
	输入/输出阻抗	发送和接收 50Ω，N 型阴头连接器
	数据接口	EIA－422/－530、V.35、同步 EIA－232、G.703 T1、G.703 E1 平衡或非平衡
	符号速率范围	4.8ksps～3.0Msps
环境条件和物理参数	温度	工作：0～50℃（32～122℉）
		储存：－25～85℃（－13～185℉）
	电源	100～240V、AC、50/60Hz
	功耗	22W 典型值（最大 32W），不含 BUC 或 IP 模块
	外形尺寸	1RU 高，16in 深（40.6cm）
解调器	输入功率范围	最小（－130＋10Log 符号速率）dBm，最大（－90＋10Log 符号速率）dBm
	最大复合信号水平	＋43dBc，最大－10dBm

续表

解调器	捕获范围	正常模式：±1～±32kHz（步长：1kHz） 宽模式：至±200，符号速率，高于625ksps	
	捕获时间	例如，在速率64kbps、1/2QPSK、捕获范围为±32kHz时，平均为200ms	
调制器	频率稳定度	±0.06ppm，0～50℃（32～122℉）	
	输出功率	0～−20dBm、0.1dB步长	
	准确度	±1.0dB，全频段和温度范围	
	相位噪声	<1.2度RMS（双边带）100Hz～1MHz	
	输出频谱/滤波	满足IESS-308/-309功率谱模板	
	谐波和杂散信号	<−55dBc/4kHz（典型值<−60dBc/4kHz）	
	发射开/关比	最小55dB	
	外部发射载波关闭	由TTL低电平或RTS控制	
	发射时钟选项	内部（SCT）、外部（TT）、环路定时	

操作方法如下。

本地修改参数时应确认设备处于"LOCAL"状态；否则不能修改。开机后依次显示如图6.22～图6.28所示的状态，开机完毕后按回车键进入菜单界面。回车键确认（修改参数后自动返回上级菜单）；CLEAR键返回上级菜单。

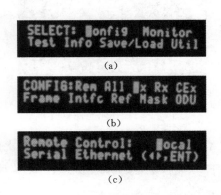

（a）设备启动中

（b）IP模块启动中

（c）开机完毕初始画面

（d）按回车键进入选择菜单

图6.22　操作示意图（一）

（a）

（b）

（c）

图6.23　操作示意图（二）

设置本机为Local模式方法如下。

正常开机后按回车键进入界面，依次路径为Config→Rem→Local，确认后返回即可。

进入SELECT菜单后，将光标移至Config处后按回车键确认，如图6.23（a）所示。

进入CONFIG菜单后，将光标移至Tx处后按回车键确认，如图6.23（b）所示。

进入图6.23（c）所示页面，将光标移至Local处，按回车键确认并自动返回。

修改频率方法如下。

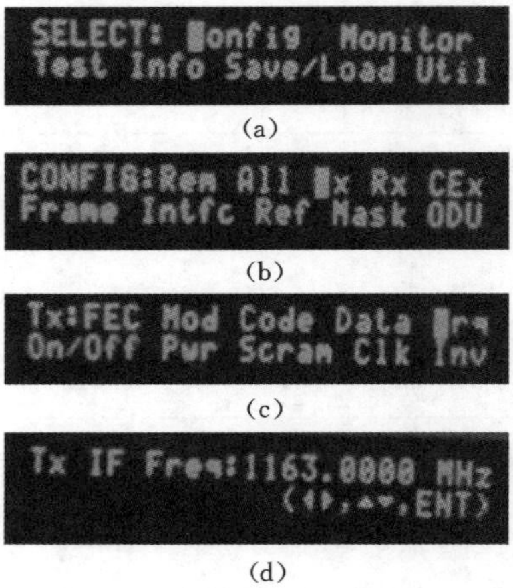

SELECT: ▊onfig Monitor
Test Info Save/Load Util

(a)

CONFIG:Rem All ▊x Rx CEx
Frame Intfc Ref Mask ODU

(b)

Tx:FEC Mod Code Data ▊rq
On/Off Pwr Scram Clk Inv

(c)

Tx IF Freq:1163.0000 MHz
(◀▶,▲▼,ENT)

(d)

图 6.24　操作示意图（三）

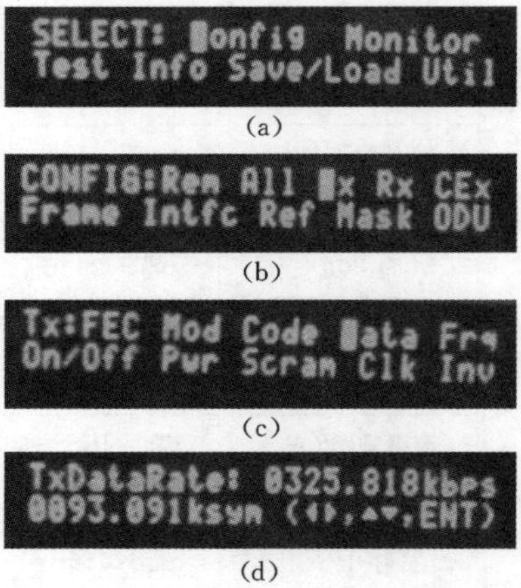

SELECT: ▊onfig Monitor
Test Info Save/Load Util

(a)

CONFIG:Rem All ▊x Rx CEx
Frame Intfc Ref Mask ODU

(b)

Tx:FEC Mod Code ▊ata Frq
On/Off Pwr Scram Clk Inv

(c)

TxDataRate: 0325.818kbps
0893.091ksym (◀▶,▲▼,ENT)

(d)

图 6.25　操作示意图（四）

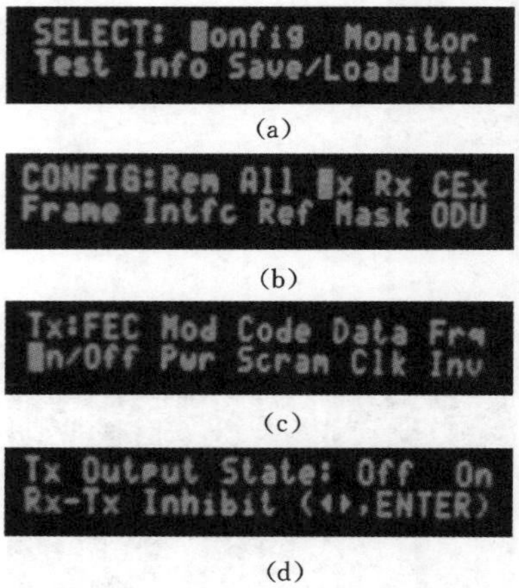

SELECT: ▊onfig Monitor
Test Info Save/Load Util

(a)

CONFIG:Rem All ▊x Rx CEx
Frame Intfc Ref Mask ODU

(b)

Tx:FEC Mod Code Data Frq
▊n/Off Pwr Scram Clk Inv

(c)

Tx Output State: Off On
Rx-Tx Inhibit (◀▶,ENTER)

(d)

图 6.26　操作示意图（五）

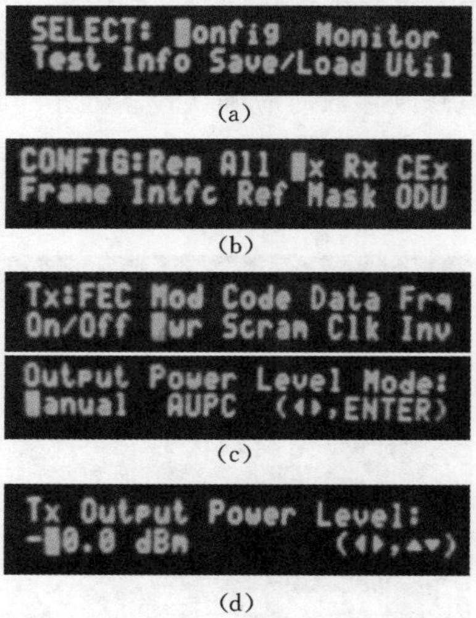

SELECT: ▊onfig Monitor
Test Info Save/Load Util

(a)

CONFIG:Rem All ▊x Rx CEx
Frame Intfc Ref Mask ODU

(b)

Tx:FEC Mod Code Data Frq
On/Off ▊wr Scram Clk Inv

(c)

Output Power Level Mode:
▊anual AUPC (◀▶,ENTER)

(c)

Tx Output Power Level:
-▊0.0 dBm   (◀▶,▲▼)

(d)

图 6.27　操作示意图（六）

正常开机后按回车键进入界面，依次路径为 Config→Tx（或 Rx）→Frq，移动光标修改频率即可。

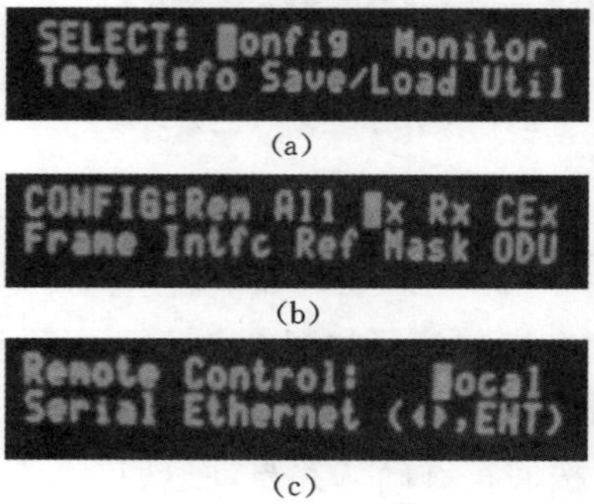

进入 SELECT 菜单后，将光标移至 Config 处后按回车键确认，如图 6.24（a）所示。

进入 CONFIG 菜单后，将光标移至 Tx（若修改接收频率则移至 Rx）处后按回车键确认，如图 6.24（b）所示。

进入 Tx（Rx）菜单后，将光标移至 Frq 处后按回车键确认，如图 6.24（c）所示。

进入图 6.24（d）所示页面，移动光标，修改频

SELECT: ▊onfig Monitor
Test Info Save/Load Util

(a)

CONFIG:Rem All ▊x Rx CEx
Frame Intfc Ref Mask ODU

(b)

Remote Control: ▊ocal
Serial Ethernet (◀▶,ENT)

(c)

图 6.28　操作示意图（七）

率至所需要的值，按回车键确认并自动返回。

例如将发送频率修改为1095MHz。

操作：开机后按回车键进入，依次选择 Config → Tx → Frq，用方向键修改成1095MHz即可，完成后按回车键确认退出。

同上可以修改接收频率。

修改数据速率的方法如下。

正常开机后按回车键进入界面，依次路径为 Config→Tx（或 Rx）→Data，移动光标修改速率即可。

进入选择菜单后，将光标移至 Config 处，按回车键确认，如图6.25（a）所示。

进入 CONFIG 菜单后，将光标移至 Tx（若修改接收速率则移至 Rx）处，按回车键确认，如图6.25（b）所示。

在 Tx 菜单下将光标移至 Data 处，按回车键确认，如图6.25（c）所示。

进入图6.25（d）所示页面后，移动光标修改发送（或接收）速率至所需要的值，按回车键确认并自动返回。

打开及关闭中频载波的方法如下。

正常开机后按回车键进入界面，依次路径为 Config→Tx→On/Off，选择 Off 或者 On 即可。

进入选择菜单后，将光标移至 Config 处，按回车键确认，如图6.26（a）所示。

进入 CONFIG 菜单后，将光标移至 Tx 处，按回车键确认，如图6.26（b）所示。

在 Tx 菜单下，将光标移至 On/Off 处，按回车键确认，如图6.26（c）所示。

进入图6.26（d）所示页面后，将光标移至 Off（On）处，并按回车键确认，自动返回，从而关闭（打开）中频载波发射。

修改发送电平方法如下。

正常开机后按回车键进入界面，依次路径为 Config→Tx→Pwr→Manual，移动光标修改电平即可。

进入选择菜单后，将光标移至 Config 处，按回车键确认，如图6.27（a）所示。

进入 CONFIG 菜单后，将光标移至 Tx 处，按回车键确认，如图6.27（b）所示。

在 Tx 菜单下，将光标移至 Pwr 处，按回车键确认，如图6.27（c）所示。

在图6.27（d）所示页面将光标移至 Manual，按回车键确认并移动光标并修改发射电平至所需要的值，按回车键确认并自动返回。

修改设备的 IP 地址方法如下。

正常开机后按回车键进入界面，依次路径为 Config→Rem→Ethernet→Address，移动光标修改即可。

进入 SELECT 菜单后，将光标移至 Config 处，按回车键确认，如图6.28（a）所示。

在 CONFIG 菜单下，将光标移至 Rem 处，按回车键确认，如图6.28（b）所示。

在图6.28（c）所示页面中将光标移至 Ethernet 处，按回车键确认，再选择 Address 并修改至所需要的值即可。

6.4　设　备　管　理

6.4.1　底盘车辆的维护保养（参照车辆日常管理）

（1）每次行驶后，均应洗净车厢外部及底盘上的尘土，清除车厢内的木屑、杂物等，保持内外整洁。

（2）给各设备、机具的润滑部位加注或涂抹润滑脂；将工具设备擦净，涂上防锈油脂。

（3）检查车厢、车内设备紧固件的连接情况，如有松动应予以紧固。

（4）检查车内设备是否完好，各种工具、机具及附件是否齐全，放置是否就位。

（5）检查补充燃油、润滑油（齿轮油等）、冷却水。

6.4.2　熊猫 PVMV－12NE 发电机维护与保养

1. 检查发动机油位

（1）低油压报警灯亮，机油压力不足时发电机将关闭。因此，需要每天检查机油情况。必须总将油位保持到最高位置。启动电机前或在电机停止至少 5min 后要检查油位。

（2）一般温度下使用 SAE20 或 10W30 机油。

2. 检查冷却水位

（1）检查所有的软管和软管连接，防止泄漏。

（2）检查所有的电缆和电缆端部的连接。

（3）检查发动机、发电机及发电机底座上的所有固定装置和连接螺栓的紧固程度。

（4）当不使用电气装置时，将主电源选择器开关切换至"O"处。

（5）检查发电机温度和油压指示灯是否正常工作。

（6）检查冷却液的流动。

（7）每次在启动发电机后都要检查冷却液是否在循环。如果水没在系统中流动，检查冷却水泵是否在工作。在熟悉发电机之后，你将能看到冷却水在系统中是流动的。

3. 在较长的工作时间内使发动机超载

（1）请确保发电机组不被超载。超载使发电机运行困难、耗费机油并产生过多的废气，甚至失速。

（2）为了延长发电机组的寿命，系统承受的一般负荷需求不应大于发电机组额定峰值负荷的 80%。

（3）对发电机逐渐的加载将有助于延长发电机组的寿命。发电机组可在部分负荷下（即额定功率的 2/3）运行好几个小时，但是建议不要使其在满负荷下运行时间多于 2～3h。

6.5　常　见　故　障　与　排　除

6.5.1　底盘车辆故障（参见应急排水车底盘车辆故障与排除）

底盘车辆故障与排除见表 6.6。

表 6.6 　　　　　　　　　　　　　底盘车辆故障与排除

故 障 现 象	故 障 原 因	故 障 排 除
启动无响应	蓄电池欠压	蓄电池充电
	蓄电池开关	闭合开关或更换
	启动电机损坏	更换
启动不运转	供油问题	加满燃油
		排除油路空气
	输油泵故障	更换
车辆灯光不亮	线路或灯泡损坏	检查及更换
轮胎欠压	轮胎气嘴问题	更换
	被扎破	拆卸、修补

6.5.2　发电机组故障

发电机组故障与排除见表 6.7。

表 6.7 　　　　　　　　　　　　　发电机组故障与排除

故 障 现 象	故 障 原 因	故 障 排 除
发电机组启动无响应	机组紧急停机按键问题	复位紧急停机按键或维修
	启动蓄电池电压过低	拆卸蓄电池充电或更换
	启动电机损坏	更换
	控制系统故障	更换钥匙或控制芯片
发电机组柴油机不能启动成功	启动蓄电池欠压	拆卸蓄电池充电或更换
	柴油机油路有空气	加满柴油箱，依次排除柴油输油管、柴油滤清器、输油泵、柴油泵等处空气
	柴油机输油泵损坏	更换输油泵
	柴油泵损坏（一般在燃油大量含水或机组工作年限较长情况下会发生）	拆卸校泵
发电机组柴油机运转速度不稳定	天气寒冷	运行观察 5min
	柴油机油路有空气	排除油路中空气
	柴油机喷油嘴损坏	排查、更换喷油嘴
	负载过大	减少负载
发电机组启动后无电力输出	控制箱电源输出空气开关问题	打开电源输出空气开关或更换
	过载断电保护	减少负载或排除漏电
	机组发电机故障	维修或更换

6.5.3　卫星通信系统故障

卫星系统发生故障应联系售后人员及生产厂家。

第 3 篇

防汛抢险救援装备

第 7 章

多 旋 翼 无 人 机

7.1 设 备 概 述

在面对水旱灾害时，灾区地形及数据的分析尤为重要，无人机具有调度机动灵活、可云下作业、低空、低成本、使用方便、载荷多样、数据精度高、可在一定程度上突破自然条件和人类能力的限制、可代替工作人员进行远距离（难以到达）和高危地区作业等技术优势，可快速响应防汛抗旱救灾应急状况，增强数据获取能力，丰富应急救援手段。面向防汛抗旱减灾应急管理的灾前、灾中、灾后全过程，在危险源辨识、环境因素检测、潜在风险评估预测、相应措施落实和灾后恢复评估等方面能发挥积极作用。

江苏省防汛抢险队伍结合实际需求，通过实践将无人机的应用拓展出五项防汛抢险功能，实现灾区实时影像采集与传输、空中应急照明、远程扩音指挥、救援物资抛投以及灾区地理模型构建。这些功能丰富、完善了汛情侦察手段，变汛情平面侦察为立体侦测、数据点状搜集为面状获取，实时传回灾区现场总体态势，为一线指挥长和指挥部判断处置灾情提供重要依据，并且能在地面地形复杂，车辆人员无法到达现场时，给予受困群众语音指引、照明以及空投救生物资。

无人机按照结构差别可分为固定翼无人机、旋翼无人机与多旋翼无人机。由于抢险救援和灾情检测对时间的要求都十分紧迫，多旋翼无人机系统成为首选的快速响应手段。利用多旋翼无人机的机载视觉系统可迅速、有效、全方位搜寻自然灾害及突发事故中的遇难者和幸存者。多旋翼无人机可以垂直起降，机动灵活，适合于在障碍物密集的飞行环境中进行三维拍摄，能有效弥补固定翼无人机的不足。本章选取 Inspire 2、M600Pro 和 M210等 3 种具有代表性的多旋翼无人机。

7.1.1 常规固定式 M210 无人机

M210 配备全新的云台接口，可适配多种型号的新型三轴稳定云台相机，如图 7.1 所示。集成先进的飞控系统、下视及前视视觉系统、红外感知系统和 FPV 摄像头，可在室内外稳定悬停、飞行，并具备障碍物感知功能和指点飞行、智能跟随等先进飞行功能。双频高清图传整合于机身内部，可提供高效、稳定的高清图像传输。

M210 可在最大 7km 通信距离内完成飞行器与云台相机的各种操作和配置。配备7.85ft 高亮显示屏，可直接通过内置的操控软件实时显示高清画面。图传系统拥有5.8GHz 和 2.4GHz 两个通信频率，可以根据环境的干扰情况切换频率。遥控器通过无线信号可以实现主从机功能，最大通信范围可达 100m。只使用主机，且不向显示设备供电时最长可连续工作 4h。

Zenmuse Z30 相机配备 30 倍光学变焦镜头与 6 倍数码变焦；采用 Type 1/2.8 CMOS 传感器，有效像素 213 万。配备高精度三轴云台，可安装至 DJI 指定飞行器使用，配合 DJI GO App 可在移动设备上实时观测拍摄画面，同时支持拍照与录影，如图 7.2 所示。

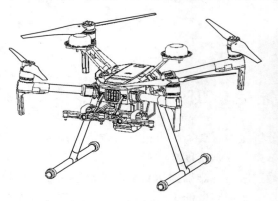

图 7.1　M210 型无人机外形

图 7.2　实时拍摄画面

Zenmuse XT 2 相机搭载 FLIR 长波红外非制冷成像相机机芯与可见光机，可同时拍摄成像与可见光影像，并支持两者融合显示，提供细节更丰富的影像；支持视觉聚焦，实现高温跟踪功能。

7.1.2　整体变形式 Inspire 2 无人机

Inspire 2 配备全新的云台接口，可适配多种型号的新型三轴稳定云台相机。变形机身集成先进的飞控系统、下视及前视视觉系统、红外感知系统，可在室内外稳定悬停、飞行，并具备障碍物感知功能和指点飞行、智能跟随等先进飞行功能。双频高清图传整合于机身内部，可提供高效、稳定的高清图像传输。

Inspire 2 遥控器可工作在 2.4GHz 与 5.8GHz 两个频段。在城市环境中，推荐使用 5.8GHz 频段以降低干扰。遥控器可直接输出高清航拍图像至移动设备，并且整合了相机操作以及云台操作的功能按键，配备了变形控制开关以控制起落架位置（图 7.3）。遥控器支持多机互联模式，实现双人协作操控以分别操控飞行器和云台。

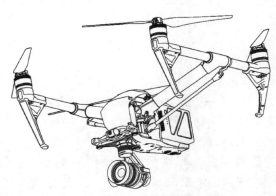

图 7.3　变形控制开关控制起落架位置

Inspire 2 配备的 Zenmuse X5S 云台相机采用 4/3in CMOS 影像传感器，有效像素为 2080 万。支持最高每秒 30 帧 5.2K 及最高每秒 60 帧 4K 的 CinemaDNG 格式无损视频录制，以及最高 2080 万像素静态照片拍摄。机身设计可安装符合 M4/3 规格的镜头。支持多种拍摄模式，包括单

拍、多张连拍和定时拍摄。多张连拍支持极速连拍和自动包围曝光两种模式，最高可支持
14 张连拍。配合高精度三轴增稳云台，控制精度为±0.01°，在飞行过程中可以拍出稳定
的画面。支持云台相机水平方向±320°旋转、垂直方向＋40°～－130°旋转以获得最佳的拍
摄角度（图 7.4）。三轴稳定云台为相机提供稳定的平台，使得在飞行器飞行的状态下相
机能拍摄出稳定的画面。

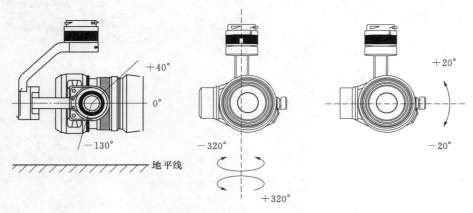

图 7.4　相机旋转以获得最佳拍摄角度

7.1.3　脚架收放式 M 600 Pro 无人机

　　M 600 Pro 是一款为专业级六旋翼飞行设计的平台。配备三余度冗余飞控系统，具备
多重安全保障以及先进的智能飞行功能。快拆
式起落架和已预装至中心架的可折叠机臂可方
便收纳及运输，且能有效缩短起飞前的准备时
间（图 7.5）。M 600 Pro 最大起飞质量达
15.5kg，可搭载更多设备，满足不同领域的使
用需求。

　　M 60 Pro 遥控器工作在 2.4GHz 频段，
最大通信距离为 5km。该遥控器集成了新一代
Lightbridge 2 高清图传系统地面端，可直接输
出高清航拍图像至移动设备，并且整合了相机
操作、云台操作以及起落架控制的功能按键和
开关，以方便用户在飞行时更轻松自如地航拍。

图 7.5　脚架收放式

　　Zenmuse X5 相机采用 Type 4/3in CMOS 影像传感器，分辨率可达到 1600 万有效像
素。相机采用的 72°定焦镜头，光圈范围为 F/1.7－F/16，支持最高 4Kp30@60Mbps 的
超高清视频录制，支持最高 1600 万像素静态照片拍摄，应用先进的图像处理技术，输出
优质的图片。支持多种拍摄模式，包括单拍、多张连拍和定时拍摄。多张连拍支持极速连
拍和自动包围曝光两种模式，最高可支持 7 连拍，同时支持定时拍摄模式。

　　Zenmuse X5 配备高精度三轴增稳云台，控制精度为±0.02°，支持相机水平±320°旋

转、垂直＋30°～－90°旋转以获得最佳的拍摄角度，如图 7.6 所示。

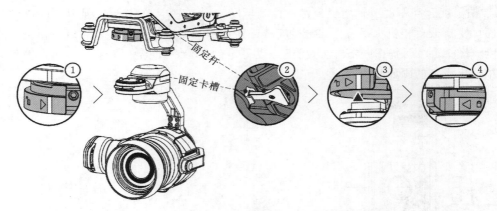

图 7.6　Zenmuse X5 配备高精度三轴增稳云台

7.2　基　本　结　构

多旋翼无人机飞行平台分系统包括以下几个部分，即机体结构、飞控系统、动力系统、机载链路系统。

7.2.1　机体结构

机体结构是其他所有机载设备、模块的载体。除了机架外，还包括支臂、脚架、云台（图 7.7）。机架的主要作用是装载各类设备、动力电池或燃料，同时它是其他结构部件的安装基础，用以将支臂、脚架、云台等连接成一个整体。支臂是机架结构的延伸，用以扩充轴距，安装动力电机，有些多旋翼的脚架也安装在支臂上。脚架是用来支撑停放、起飞和着陆的部件，还兼具保护下方任务设备的功能。有些多旋翼的天线也安装在脚架上。多旋翼的脚架作用类似于直升机的滑橇式起落架。航拍航摄类、测绘类、穿越类的多旋翼均会安装云台作为任务设备的承载结构。

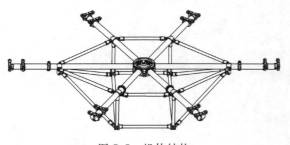

图 7.7　机体结构

7.2.2　飞控系统

飞控系统是无人机的核心控制装置，相当于无人机的大脑，是否装有飞控系统也是无人机区别于普通航空模型的重要标志。在经历了早期的遥控飞行后，目前其导航控制方式已经发展为自主飞行和智能飞行。导航方式的改变对飞行控制计算机的精度提出了更高的要求；随着小型无人机执行任务复杂程度的增加，对飞控计算机运算速度的要求也更高；

而小型化的要求对飞控计算机的功耗和体积也提出了很高的要求。高精度不仅要求计算机的控制精度高，而且要求能够运行复杂的控制算法，小型化则要求无人机的体积小、机动性好，进而要求控制计算机的体积越小越好。

飞控系统实时采集各传感器测量的飞行状态数据、接收无线电测控终端传输的由地面测控站上行信道送来的控制命令及数据，经计算处理，输出控制指令给执行机构，实现对无人机中各种飞行模态的控制和对任务设备的管理与控制；同时将无人机的状态数据及发动机、机载电源系统、任务设备的工作状态参数实时传送给机载无线电数据终端，经无线电下行信道发送回地面测控站。按照功能划分，该飞控系统的硬件包括主控制模块、信号调制及接口模块、数据采集模块以及舵机驱动模块等，如图 7.8 所示。

7.2.3　动力系统

多旋翼无人机动力系统由电机、电调和螺旋桨构成，其基本原理是由电调驱动电机带动螺旋桨旋转，螺旋桨产生向上的拉力，带动无人机向上飞行（图 7.9）。电调和电机是无人机动力系统的核心，对于无人机的整体稳定性和动态特性起着关键的作用。电调是电子调速器的简称，英文简称 ESC（Electronic Speed Control），作用是控制电机的运行，根据电机是否带物理换向器，分为有刷电调和无刷电调。目前多旋翼飞行器使用的均为无刷电调，其通过 PWM 信号进行控制，导致速度控制频率刷新有限，主控制器和电调之间增加了一个多余的 PWM 信号生成和解码过程。因此，可以开发基于串口的电调，并由主控制器直接对电机进行控制，减少不必要的中间环节。

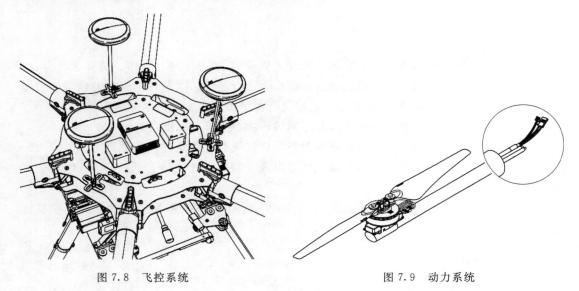

图 7.8　飞控系统　　　　　　　　　图 7.9　动力系统

7.2.4　机载链路系统

控制站与无人机之间进行的实时信息交换需要通过通信链路系统来实现，如图 7.10所示。地面控制站需要将指挥、控制以及任务指令及时地传输到无人机上；同样，无人机

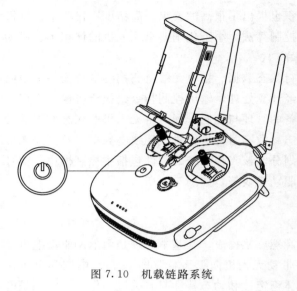

图 7.10　机载链路系统

也需要将自身状态（速度、高度、位置、设备状态等）以及相关任务数据发回地面控制站。无人机系统周围的通信链路也常被称为数据链。

无人机数据链是一个多模式的智能通信系统，能够感知其工作区域的电磁环境特征，并根据环境特征和通信要求，实时、动态地调整通信系统工作参数（包括通信协议、工作频率、调制特性和网络结构等），达到可靠通信或节省通信资源的目的。

无人机数据链路按照传输方向可以分为上行链路和下行链路。上行链路主要完成地面站到无人机遥控指令的发送和接收，下行链路主要完成无人机到地面站的遥测数据以及红外或电视图像的发送和接收，并可根据定位信息的传输，利用上、下行链路进行测距，数据链路性能直接影响到无人机性能的优劣。

7.3　设　备　使　用

7.3.1　飞行环境要求

（1）恶劣天气下请勿飞行，如大风（风速五级及以上）、下雪、下雨、有雾天气等。

（2）选择开阔、周围无高大建筑物的场所作为飞行场地。大量使用钢筋的建筑物会影响指南针工作，而且会遮挡 GPS 信号，导致飞行器定位效果变差甚至无法定位。

（3）飞行时，应保持在视线内控制，远离障碍物、人群、水面等。

（4）请勿在有高压线、通信基站或发射塔等区域飞行，以免遥控器受到干扰。

（5）高海拔地区由于环境因素导致飞行器电池及动力系统性能下降，飞行性能将会受到影响，应谨慎飞行。

（6）在南、北极圈内飞行器无法使用 P 模式飞行，可以使用 A 模式与视觉定位系统飞行。

7.3.2　组装飞行器

1. Inspire 2 组装

（1）飞行器组装。

1）为节省运输空间，飞行器出厂默认设置为运输模式，使用前需将其切换至降落模式。

2）将两块飞行电池装入飞行器。

3）连续短按电源开关 5 次或以上（电量指示灯依次亮起），以解除运输模式，飞行器将切换至降落模式。

（2）安装云台相机到飞行器。

1）移除云台相机接口保护盖。

2）按住云台相机解锁按钮，移除保护盖。

3）对齐云台相机上的白点与 DGC 2.0 接口红点，并嵌入安装位置。

4）旋转云台相机快拆接口至锁定位置，以固定云台，如图 7.11 所示。

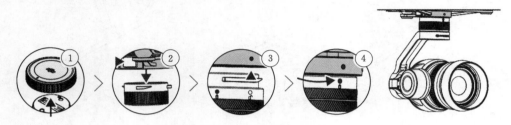

图 7.11　安装云台相机到飞行器

（3）安装螺旋桨。安装带白色标记的螺旋桨到带白色标记的电机，安装带红色标记的螺旋桨到带红色标记的电机，如图 7.12 所示。

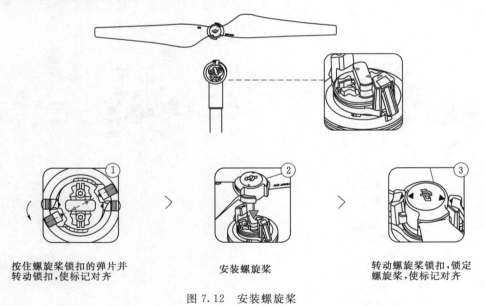

按住螺旋桨锁扣的弹片并　　　　　安装螺旋桨　　　　　转动螺旋桨锁扣，锁定
转动锁扣，使标记对齐　　　　　　　　　　　　　　　　螺旋桨，使标记对齐

图 7.12　安装螺旋桨

2. M 600 Pro 组装

（1）安装起落架。

1）使起落架支撑管上的螺钉与底管旋钮旁的缝隙同侧，将支撑管插入底管，稍稍转动，使支撑管完全卡入底管，然后拧紧旋钮。

2）使起落架支撑管上的挂钩朝向飞行器外侧，将起落架插入飞行器主体，稍稍转动，使支撑管完全卡入飞行器上的连接件，如图 7.13 所示。

3）在起落架两边挂上弹簧，使用弹簧时小心夹手。

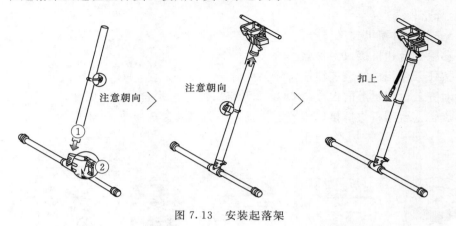

图 7.13　安装起落架

（2）展开飞行器。

1）由下往上牵引机臂，然后拧紧中心架上的旋转卡扣。如需放下，拧松旋转卡扣即可。

2）展开螺旋桨。

3）展开 GPS-Compass Pro，检查确认所有箭头均指向飞行器机头方向，如图 7.14所示。

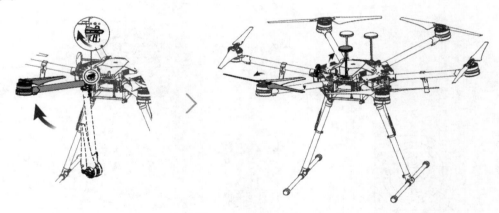

图 7.14　展开飞行器

3. M210 组装

（1）安装两侧起落架，如图 7.15 所示。

（2）展开飞行器。展开机臂，滑动锁扣到底并转动约 90°，使锁扣上的银线到 ←→ 范围内，如图 7.16 所示。

（3）安装螺旋桨。

1）将桨帽不带颜色的螺旋桨安装到没有标记的电机桨座上。

2）使桨帽嵌入电机桨座并按压到底，沿锁紧方向旋转螺旋桨至无法继续旋转。

3）把桨帽有银圈的螺旋桨安装到同色标记的电机桨座上，如图 7.17 所示。

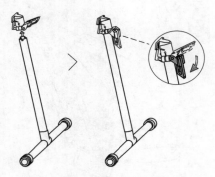

图 7.15　安装两侧起落架

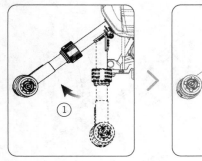

图 7.16　滑动锁扣到 ← → 位置

（4）安装云台相机。

1）按住云台相机解锁按钮，移除保护盖。

2）对齐云台相机上的白点与接口红点，并嵌入安装位置。

3）旋转云台相机快拆接口至锁定位置，以固定平台，如图 7.18 所示。

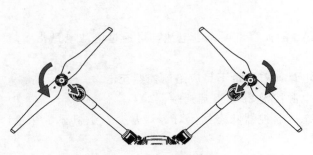

图 7.17　安装螺旋桨

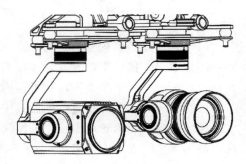

图 7.18　安装云台相机

7.3.3　准备遥控器

展开遥控器上的移动设备支架并调整天线位置。

（1）按下移动设备支架侧边的按键以伸展支架。

（2）调整移动设备支架，确保夹紧移动设备。

（3）使用移动设备数据线将设备与遥控器 USB 接口连接，如图 7.19 所示。

7.3.4　飞行前检查

（1）遥控器、智能飞行电池以及移动设备是否电量充足。

（2）螺旋桨是否正确安装。

（3）确保已插入 Micro SD 卡。

（4）电源开启后相机和云台是否正常工作。

（5）开机后电机是否能正常启动。

（6）DJI GO 4 App 是否正常运行。

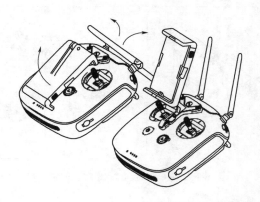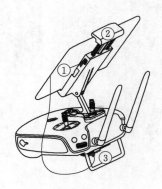

图 7.19　准备遥控器

（7）确保摄像头及红外感知模块保护玻璃片清洁。

7.3.5　遥控器操作

1. 开关机

Inspire 2 遥控器内置容量为 6000mAh 的大容量可充电电池，可通过电池电量指示灯查看当前电量。按以下步骤开启遥控器。

（1）短按一次电源按键可查看当前电量，若电量不足应给遥控器充电。

（2）短按一次电源按键，然后长按电源按键 2s 以开启遥控器。

（3）遥控器提示音可提示遥控器状态。遥控器状态指示灯绿灯常亮（主机显示绿色，从机显示青色）表示连接成功。

（4）使用完毕后，重复步骤（2）以关闭遥控器。

2. 操控飞行器

使用遥控器遥感操控飞行器，操控方式有美国手、日本手和中国手，如图 7.20 所示。

目前最常用的操控模式为美国手，本章以美国手为例说明遥控器的操控方式，见表 7.1。

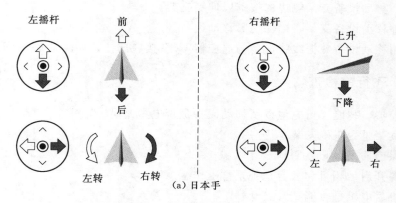

图 7.20　操控飞行器（一）

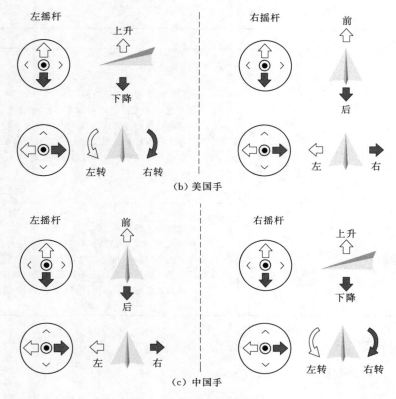

图 7.20　操控飞行器（二）

表 7.1　　　　　　　　　　美国手遥控器操控方式

遥控器（美国手）	飞 行 器	控 制 方 式
左摇杆	上升　下降	油门摇杆用于控制飞行器升降。 　　往上推杆，飞行器升高。往下推杆，飞行器降低。中位时飞行器的高度保持不变（自动定高）。飞行器起飞时，必须将油门杆往上推过中位，飞行器才能离地起飞（缓慢推杆，以防飞行器突然极速上冲）
	左转　右转	偏航杆用于控制飞行器航向。 　　往左打杆，飞行器逆时针旋转。往右打杆，飞行器顺时针旋转。中位时旋转角速度为零，飞行器不旋转。 　　遥杆杆量对应飞行器旋转的角速度，杆量越大，旋转的角速度越大

续表

遥控器（美国手）	飞 行 器	控 制 方 式
右摇杆	前 后	俯仰杆用于控制飞行器前后飞行。 往上推杆，飞行器向前倾斜，并向前飞行。往下拉杆，飞行器向后倾斜，并向后飞行。中位时飞行器的前后方向保持水平。遥杆杆量对应飞行器前后倾斜的角度，杆量越大，倾斜的角度越大，飞行的速度也越快
	左　　　右	横滚杆用于控制飞行器左右飞行。 往左打杆，飞行器向左倾斜，并向左飞行。往右打杆，飞行器向右倾斜，并向右飞行。中位时飞行器的左右方向保持水平。摇杆杆量对应飞行器左右倾斜的角度，杆量越大，倾斜的角度越大，飞行的速度也越快

7.3.6　启动电机

掰动摇杆可启动电机。电机起转后，马上松开摇杆，如图7.21所示。

  或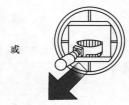

图7.21　掰动摇杆

7.3.7　停止电机

电机起转后，有以下两种停机方式，如图7.22所示。

① ②   或

方法一　　　　　　　　　　　　　　　　　方法二

图7.22　停止电机方式

方法一：飞行器着地之后，先将油门杆推到最低位置①，然后掰动摇杆②，电机将立即停止。停止后松开摇杆。

方法二：飞行器着地之后，将油门杆推到最低的位置并保持，3s 后电机停止。

7.3.8　空中停止电机方式

向内拨动左摇杆的同时按下智能返航按键（图 7.23）。空中停止电机将会导致飞行器坠毁，仅用于发生特殊情况（如飞行器可能撞向人群）时需要紧急停止电机以最大程度减少伤害。

7.3.9　基础飞行步骤

（1）把飞行器放置在平整开阔地面上，用户面朝机尾。

（2）开启遥控器和智能飞行电池。

（3）运行 DJI GO 4 App，连接移动设备与遥控器，进入相机界面。

（4）等待飞行器状态指示灯绿灯慢闪，进入可安全飞行状态。掰动摇杆，启动电机。

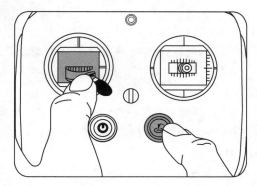

图 7.23　按下智能返航按键

（5）往上缓慢推动油门杆，让飞行器平稳起飞。

（6）需要下降时，缓慢下拉油门杆，使飞行器缓慢下降于平整地面。

（7）落地后，将油门杆拉到最低的位置，并保持至电机停止。

（8）停机后依次关闭飞行器和遥控器电源。

7.4　设　备　管　理

7.4.1　日常维护检查

1. 目视法检查外表

（1）机体结构各部位是否歪斜，结构上是否出现裂纹及破损。

（2）检查起落架的倾斜角度是否左右对称。

（3）电机是否歪斜，电机及其内线是否有熔断、异物残存，检查电机壳下方的缝隙是否均匀，以判断电机壳是否变形。

（4）不安装螺旋桨启动电机，看电机转子的边缘以及轴在转动中是否通信，以及是否有较大震动。

（5）桨面是否有瑕疵、磨损、断裂，或者明显的明纹裂痕。

（6）将螺旋桨安装于电机上，将电机启动后的行器停留在地面上，在飞行器 1m 以外的地方观察每个螺旋桨在转动过程中是否出现双层现象，此现象常被称为双桨，会严重影响飞行器的震动，应立即修复或更换。

（7）电机外包装是否完整，是否有破裂、烧痕或者烧焦味道。

（8）飞控连接线是否调理有序，同等接线口是否有合理布局，有无明显异类线色。

（9）飞控安装是否水平，整体板子是否有熔断、烧焦以及元器件焊接凸起。

（10）各个焊接点是否有明显断裂、焊锡点变形等。

（11）遥控接收机天线是否有裂痕，是否有拉伸痕迹，接收机接线色是否整齐，无异类线色。

（12）检查 GPS 天线上方以及每个起落架的天线位置是否贴有影响信号的物体（如带导电介质的贴纸等）。

（13）电调接线板是否有焊接松动，抑或是接线毛刺、灰尘，要及时清除。

（14）将所有接线处，如插针、香蕉头、T 插等处，检查是否有拉伸痕迹、是否有熔化。

注：异类线色——对于杜邦线一般是黑红白（FUTABA）或者棕红黄（JR），用来作线路接线，安装时整排色泽是在一条直线上，如果安装错误，肯定会明显看出，因此取名为异类线色。

2. 触摸法检查牢固状态

（1）检查全机螺钉是否牢靠。

（2）机架轻轻用手晃动，相邻的两个支臂用手掰动，检查是否有松动。手拿一个支臂在空中晃几下，然后重复双手各拿一个相邻支臂进行掰动，检查是否松动。如果有脚架，则晃动脚架是否松动，把带脚架整体机架放到地面，用手使劲推一下，然后在离地 20cm处，在地面有纸板铺垫的情况下跌落几次，检查是否有架腿歪斜。

（3）用手握住电机，或者将桨放在手上，握住一边桨叶，用测试力掰动另一边桨叶，检查桨面是否有裂纹明纹，然后再换另一头。

（4）手握住电机所在臂，然后轻轻晃动电机桨座或者子弹头（螺旋桨整流固定罩），看整体是否有松动，螺钉是否拧紧，然后握住电机底座，再晃动电机桨座或者子弹头，看是否松动。

（5）电调接线连接着电机、飞控、接线板，因此把线拉几下看周围接线是否牢固，测试力——小力度，根据经验不至于出现物理损伤的力度。

（6）RC 接收机的插针是否松动，把接收机朝下，一只手握住接收机，另一只手轻拍握住接收机的手腕。

（7）将所有接线处，如插针、香蕉头、T 插等处，如果是一次性插接平常不断开的，就轻轻拔一下看是否松动，如果是需要经常插拔的，如电池接口，应插拔几次检查。

3. 声音法判断系统是否正常

（1）握住机架相邻两个支臂掰动，听声音是否有固定机架螺钉松动，支臂固定声音是否结实无异声。

（2）对于部分刚度不大的塑胶桨，用手握住裸桨或安装在电机上的桨，握住中心，另一只手在一边桨叶边缘部分，弯曲 30°，然后迅速松手，听声音，一般塑胶桨整体完整、无内伤或者外伤裂痕，听起来声音厚实有力，弹性十足，之后再试另一边。弯曲听声的过程中，如果桨有内伤容易直接变成明纹，一定要仔细。

（3）电机声音，把桨固定或者无桨裸电机，用手转动一下，正常的电机转动声音是浑实有力的，听起来似乎有些启动发动机的感觉，声音浑厚。有时候听起来干巴巴的，或者声音发脆甚至能听到内部有明显的"咯嘣"沙子类的声音，转起来不圆润连续，那么就需要检修一下电机了。

（4）整体听声，将整体架子放到手上，握住一个支臂，来回晃动几下，听是否有线路没有固定好以及机体内是否有杂物声音，若有应及时清理。

4. 通电进行综合检修测试

（1）飞控单独供电，检查是否有异常，按照飞控飞行说明书，指示灯是否正确闪亮，RC遥控与飞控对接是否正常。

（2）不对飞控供电，将4个电调线分别接到RC接收机油门处，轻推油门听声音，检查是否有明显反应慢甚至是异声。

（3）将飞行器放在一个无遮蔽又相对宽敞的空间内。通电进行RC遥控与飞控的联调，低油门，按照所用飞控的品牌，进行异常检查。

（4）轻推油门逐渐升高，听电机转速以及观察飞控指示灯，油门可推至3/5处，观察情况。

（5）持续1min左右，停止供电，用手摸一下电机、电调、电调接线板、飞控板、线路连接部、电池线、电池插口等处，检查一下温度，是否有烫手的感觉。

（6）如果上一条温度有异常，无需测试本条。如果上一条通过，再次对机器供电，油门推到3/5处，然后坚持5s，迅速拉回，如此重复2～3次，然后将油门固定至中间，停留10s。迅速断电，检查温度是否异常。

（7）凡上两条温度异常时，需要及时进行检修和更换。比如：仅有电池接线滚烫，那么就是硅胶线负载不了如此强的电流，需要及时更换。仅有电机电调温度很热，而不是烫，建议以后飞行不要做大载重、超负荷动作。仅有电调电机接线处滚烫，建议检查电路是否有虚焊。开机后，电调"哆来咪"类的音调声音是否一致，如果听到有某个声音短缺，应及时检查线路接线。开机后，某个电机出现重复或者断续的123声音，那么检查焊接处是否有松动虚焊。

5. 动力电池的日常保养维护

（1）检查电池外观，是否有破损、涨鼓、扭曲变形，若受损严重，应停止使用，将电量控制在10%以内废弃处理，请勿分解。

（2）消费类智能电池还需检查电池通信连接的金手指（信号插头若有污损，可以用橡皮擦将表面清理干净，以保证可靠地通信）。检查电池仓内通信触点状况，确保清洁、伸缩顺畅、无弯折。

（3）消费类多旋翼需检查电源连接器内部的金属机片破损情况，若烧蚀严重，应设法清理，如用厚度在1mm以内的砂纸插入连接器内部轻轻打磨金属表面。

（4）消费类多旋翼需检查电池仓周围的塑料结构件的牢固情况，如裂缝、螺钉稳固程度等，防止飞行过程中电池松动。

（5）检查机体到支臂之间的主供电线的磨损情况。若发生轻微磨损，应视情况调整，若磨损严重应维修更换。

（6）若长期未使用电池，建议按照说明文件妥善存放电池。每月检查一次电池状况，防止电池损坏。

（7）分别检查每个电芯的电压充满电时是否一致，部分电芯电压偏低或偏高超过 0.2V 时应维修更换。

7.4.2　电池充电（以 Inspire 2 为例）

Inspire 2 标配充电器为并行式平衡充电器，最多可连接 4 块 Inspire 2 飞行电池，并同时对两块电池进行充电。充电过程中，充电器会优先选择两块已配对且电量较高的电池组进行充电。

1. 电池介绍

Inspire 2 飞行电池是一款容量为 4280mAh、电压为 22.8V、带有充放电管理功能的电池。该款电池采用全新的高能电芯，并使用先进的电池管理系统为飞行器提供电力。飞行电池必须使用厂家提供的专用充电器进行充电。首次使用电池前，务必将电池电量充满，如图 7.24 所示。

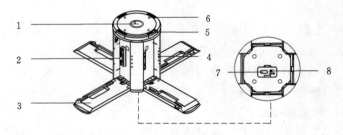

图 7.24　电池结构

1—电源接口；2—充电接口；3—充电接口保护壳；4—充电电量指示灯；5—保护壳/电池脱离按钮；6—工作状态指示灯；7—固件升级接口（Micro USB 接口）；8—蜂鸣器开关

2. 连接电源

连接 Inspire 2 标配充电器到交流电源（100～240V、50/60Hz），然后打开顶部电源接口硅胶垫，将充电器方头接头插入充电器的电源接口，如图 7.25 所示。

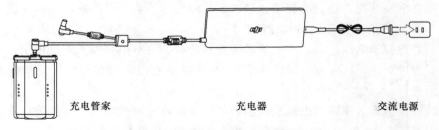

充电管家　　　　　　　　　　充电器　　　　　　　　　交流电源

图 7.25　连接电源

充电器单独为 Inspire 2 飞行电池或遥控器充满电分别约需时 1.5h 或 3h，同时充电时充电时间会略微延长。

3. 连接电池

按下充电器上方的保护壳/电池脱离按钮，打开相对应的充电接口保护壳。将飞行电池插入充电接口，进行充电。充电时首先对已配对且剩余电量较高的电池组同时进行充电，电池组充电完成后则对另一组配对成功的电池组进行充电。若电池组未进行配对，则会按照剩余电量由高到低依次进行充电，如图 7.26 所示。

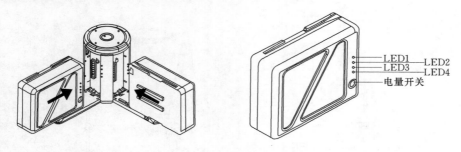

图 7.26　连接电池

7.4.3　指南针校准

（1）在 DJI GO 4 App 相机界面，单击正上方的飞行状态指示栏，在列表中选择指南针校准。飞行器状态指示灯黄灯常亮代表指南针校准程序启动。

（2）飞行器水平旋转 360°，飞行器状态指示灯绿灯常亮，如图 7.27 所示。

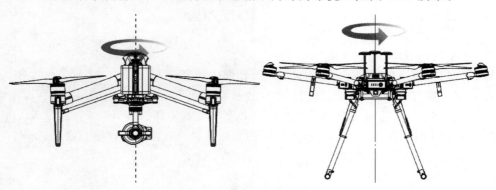

图 7.27　飞行器水平旋转 360°

（3）机头朝下，水平旋转 360°，如图 7.28 所示。

（4）若飞行器状态指示灯显示红灯闪烁，则表示校准失败，应重新校准。

7.4.4　固件升级

使用 DJI GO 4 App 或者 DJI Assistant 2 调参软件对飞行器进行升级。

1. 使用 DJI Assistant 2 升级

（1）开启智能飞行电池，并向下拨动 USB 模式切换开关。

（2）使用 Inspire 2 标配的双 A 口 USB 线连接飞行器的调参接口至 PC。

（3）启动 DJI Assistant 2 调参软件，使用 DJI 账号登录并进入主界面。

（4）单击 Inspire 2，然后单击左边的固件升级选项。

（5）选择并确认需要升级的固件版本。

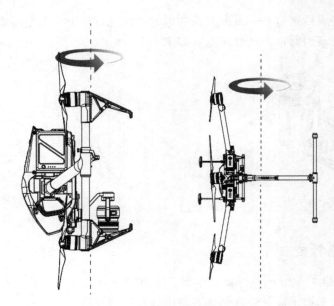

图 7.28　机头朝下水平旋转 360°

（6）DJI Assistant 2 调参软件将自行下载并升级固件。

（7）升级完成后，应重启机器。

2. 使用 DJI GO 4 App 升级

（1）开启智能飞行电池，并向上拨动 USB 模式切换开关。

（2）遥控器和飞行器都保证开启并处于连接状态。

（3）使用合适的 USB 连接线连接移动设备至飞行器的调参接口。

（4）根据 DJI GO 4 App 的提示进行固件下载升级。升级时需连接互联网。

（5）升级完成后，应重启机器。

第 8 章

冲　锋　舟

8.1　设　备　概　述

冲锋舟具有运输便捷、安装简单、机动灵活的优点，是防汛抢险中必不可少的专业装备，在突发水灾现场可用于转移灾民、救援被困人员、运送防汛物资、现场勘察灾情等，如图 8.1 所示。

冲锋舟舟体材料大多由玻璃纤维增强塑料（俗称"玻璃钢"）、橡胶布（成品俗称"橡皮艇"）和胶合板等组成，多用船外机驱动。舟体常见型号有 TZ588 型、TZ590 型、TZ600 型、WH598 型、DSA－420 型等，目前江苏省防汛抢险队伍主要配备 WH598 型冲锋舟以及 DSA－420 型橡皮艇（图 8.2）（以下冲锋舟的介绍均以 WH598 型、DSA－420 型为例）。

图 8.1　冲锋舟

图 8.2　橡皮艇

江苏省防汛抢险队伍自装备冲锋舟以来，在 2000 年响水县城特大暴雨、2003 年淮河流域的特大洪水，2016 年长江干支流、淮河流域特大暴雨等防汛抢险行动中大量使用了冲锋舟，为取得防汛抢险的胜利发挥了重要作用，如图 8.3 所示。

冲锋舟要在防汛抢险行动中真正发挥作用必须要有技术过硬的驾驶人员和救护人员，因此冲锋舟的安全操作需要在平时进行大量的专业训练，以提高抢险队员的操舟、维修保养、故障排除和人员救护能力。

图 8.3　利用冲锋舟抢险救援

8.2　基　本　结　构

冲锋舟一般由舟体与船外机组成。

8.2.1　舟体构造和技术参数

WH598 冲锋舟为纵骨架式聚酯玻璃钢结构，外表面为彩色胶衣树脂。骨架芯材为硬质聚氯乙烯泡沫塑料或木材，座舱板及地舱板均设防滑毛面，舟壳板采用阴模成型。冲锋舟船体型长 5.98m、型宽 1.96m、型深 0.7m，艉板高度为 0.551m，乘员 13 人，吃水 0.3m，排水量 1.5t。

DSA－420 橡皮艇船长 4200mm，船宽 1900mm，桶径 500mm，额定乘员 8 人。

8.2.2　发动机结构及技术参数

1. 发动机结构

WH598 型冲锋舟配套动力采用雅马哈 E40XMHL 二冲程汽油发动机，橡皮艇动力采用雅马哈 30HMHS 汽油发动机，两者结构基本一致，故本章采用雅马哈 E40XMHL 进行详述。

E40XMHL 发动机主要由发动机机体、操纵装置、悬挂装置、传动装置、推进装置等组成，如图 8.4 所示。

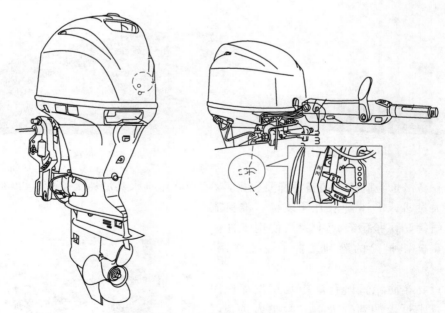

图 8.4　E40XMHL 发动机

操纵装置用于控制船外机的启动停止、航行速度、前进后退和航行方向，主要由方向操纵杆、离合器手柄、调速手柄、启动手柄等组成，其中离合器手柄有前进挡、空挡、后退挡 3 个挡位。

　　悬挂装置用于将船外机悬挂和固定在艉板上，调整发动机倾斜角，由主支架、左右支架、减震器心轴、固定螺栓、航行锁柄及倾斜调整器等组成。主支架和左右支架通过螺栓连在一起并钩挂入舟舷上，通过两个固定螺栓固定在艉板上，心轴穿过主支架，其上下通过减震器与发动机机座相连，发动机机座可绕心轴放置减震器，通过橡胶减震块消除结合时的瞬间所加给悬挂机构的冲击力。

　　2. 发动机技术参数

　　发动机技术参数见表 8.1。

表 8.1　　　　　　　　　　　　　　发 动 机 技 术 参 数

参数名称	参 数 数 据	参数名称	参 数 数 据
品牌型号	YAMAHA 雅马哈 E40XMHL 型	最大油耗	20L/h
引擎种类	二冲程/二汽缸	冷却方式	水冷
排气量	703CC（1CC＝1cm³）	启动方式	手柄（拉绳）
燃油	预混（外置油箱/汽油与二冲程机油 50∶1 混合）	质量	72kg

8.2.3　发动机工作原理

　　雅马哈 E40XMHL 二冲程发动机在工作过程中，当活塞由下止点上行时，活塞分别遮住了缸壁上的扫气口（即进气口），压缩汽缸中的混合气，由于活塞上行，密闭的曲轴箱内产生吸力，在压力差的作用下，混合气被吸入曲轴箱；活塞继续上行接通上止点时，火花塞跳出电火花，点燃被压缩的混合气，高温高压的气体迫使活塞下行，通过连杆使曲轴旋转做功；活塞继续下行，当活塞裙部遮住了进气口时，曲轴箱内的混合气便被压缩，活塞下行露开排气口时，汽缸中的废气因本身压力迅速由排气口冲出；活塞下行露出扫气口时，曲轴箱被压缩的混合气进入汽缸，并帮助驱逐废气，活塞到了下止点时，曲轴旋转360°完成了一次工作循环，如图 8.5 所示。

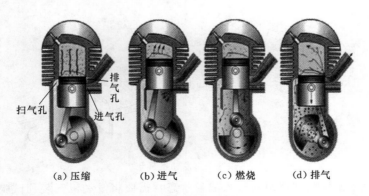

（a）压缩　　　　（b）进气　　　　（c）燃烧　　　　（d）排气

图 8.5　发动机工作原理

8.3　设　备　使　用

8.3.1　启封

冲锋舟在经过非汛期长时间封存后再度启用时，需要对冲锋舟进行清理、检查和测试，对发现的问题进行维修处理，以确保其性能稳定、可靠。

1.舟体的启封

舟体启封工作需要仔细进行，及时发现船体隐患，确保使用安全。应按以下步骤进行。

（1）对舟体进行清洗去除污垢。

（2）检查船体是否有破损、艉板是否有开裂、艉板固定螺栓是否有松动，如果发现问题应修理后再使用。

2.发动机的启封

发动机各部件如图8.6所示。

图8.6　发动机各部件

发动机启封时，主要是检查发动机性能是否可靠，检查工具、配件等是否完好齐全。一般按下列步骤实施。

（1）检查发动机配套工具是否齐全，应包括备用火花塞、火花塞套筒、12mm×14mm呆扳手、两用（十字、一字）螺丝刀、电锁钥匙、油箱、油管，如图8.7所示。

（2）检查发动机油箱是否完好，呼吸阀拧开是否通畅，拧紧是否密闭，如图8.8所示。

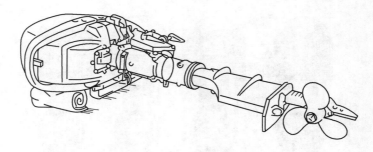

图8.7　发动机外形

（3）在进入主汛期前冲锋舟将进入战备状态，需要将发动机安装到试验台进行水中测试，发现问题及时修理，确保发动机安全可靠随调随用，如图8.9所示。

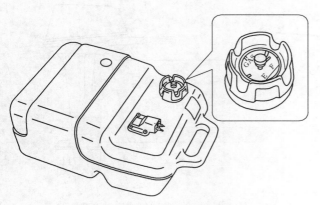

图 8.8　检查发动机油箱

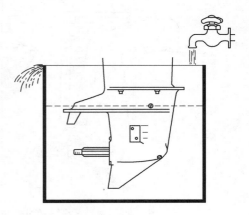

图 8.9　将发动机安装到试验台
进行水中测试

8.3.2　安装

当突发洪涝灾害时，将冲锋舟快速运输到现场后，迅速将舟体下水安装发动机，在安装时必须小心操作，防止发动机、配件、螺栓等滑落水中（图 8.10）。安装时按下列步骤进行。

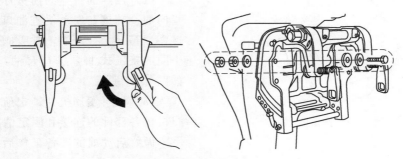

图 8.10　安装发动机

（1）选择水深较浅的岸边或码头，将冲锋舟吊运到水面，并系好缆绳。

（2）两名操作手从舟内将船外机抬起，引向舟的艉板以外。

（3）将悬挂支架卡入艉板，移动船外机至艉板中心，注意对好固定螺栓孔位，并将固定螺栓插好。先用手旋紧固定螺杆，再用扳手旋紧固定螺栓螺母。

（4）合适的纵倾角有助于提高冲锋舟性能和燃油经济性。通过将纵倾角插销插入到不同的孔位来改变发动机纵倾角，并进行试航测试来确定最佳的纵倾角，如图 8.11 所示。

（5）发动机的安装高度极大地影响着冲锋舟行驶阻力。如果安装过高，会产生气蚀现象，降低推力。如果安装过低，水阻将会增加，从而降低发动机效率。因此，要检查发动机安装高度，确保防气蚀板垂直高度在船底以下 25mm 以内，如图 8.12 所示。

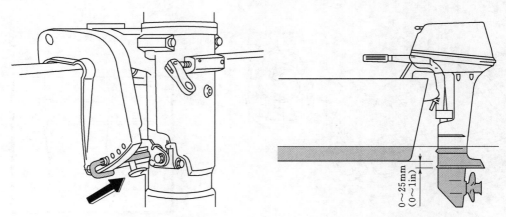

图 8.11　调整至合适的纵倾角　　　　图 8.12　发动机的安装高度

8.3.3　启动

发动机启动前，做好各项检查工作，这是航行稳定、高效、安全的重要保障。启动前先按下列步骤进行准备。

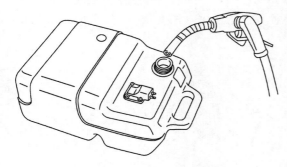

图 8.13　按比例加油

（1）按汽油与机油 50：1 的比例兑好燃料油，并加满油箱，如图 8.13 所示。

（2）按照油管上的箭头标记，将箭头指向的一端接在发动机进油口上，另一端接在油箱上，拧开油箱呼吸阀，按压油管中间的挤压式油泵进行泵油，直到泵满，如图 8.14 所示。

（3）放下发动机并锁定航行锁柄，检查机械各部件的连接和固定情况。

做好启动前的准备工作后，按下列步骤进行启动。

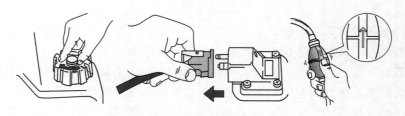

图 8.14　按压油管进行泵油

（1）转动手柄，使箭头指向"慢速"位置，将离合器手柄放在"空挡"位置，转动手柄，使箭头指向"启动"位置，拉出阻风门杆调整风门，以提高启动时的燃油浓度，如图 8.15 所示。

（2）将航行锁放在"锁紧"位置，先慢拉启动绳待卡住启动盘并拉紧后，再快速拉出

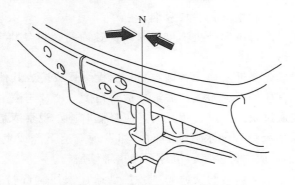

图 8.15 将离合器放在"空挡"位置

启动绳。重复以上拉绳动作，直至启动成功为止，如图 8.16 所示。

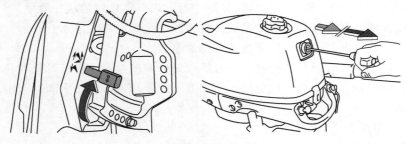

图 8.16 拉出启动绳

（3）启动后，立即推回风门拉杆以打开风门。注意：检查冷却水、排气情况。确认发动机工作正常后，即可挂挡驾驶冲锋舟开始执行任务，如图 8.17 所示。

8.3.4 操作

要用好冲锋舟保障他人和自身的安全，使其在防汛抢险行动中充分发挥作用，驾驶人员必须掌握过硬的抢险操作技术，这就对冲锋舟的训练提出了很高的要求。在冲锋舟训练中应当始终按照实战要求，针对实际抢险中的各种情形进行模拟训练。冲锋舟抢险操作技术主要分为一般情况的冲锋舟驾驶技术、特殊情况的冲锋舟驾驶技术、冲锋舟水上救援技术、溺水人员救护技术等部分。

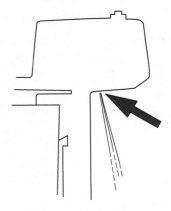

图 8.17 打开风门

1. 冲锋舟驾驶技术

在一般情况下需要掌握冲锋舟正常航行、冲锋舟浅水航行、冲锋舟编队航行以及冲锋舟离岸、靠岸、靠船等的操作要领。

（1）正常航行。冲锋舟正常航行是冲锋舟操作员必须掌握的基本操作技能。在按照操作规程安装并启动发动机后，即可开始正常航行，执行防汛抢险任务，在航行中要注意下列事项。

1）上舟人员必须穿好救生衣，严禁吸烟。

2）在一般情况下，航行中船外机不可长时间高速航行；避免将节气门突然开大或降低，防止螺旋桨减震套打滑。

3）转弯或调头时应先降低航速；否则容易折断操纵臂或造成其他严重事故。

4）横渡江河时舟首应偏向上游或与波浪成适合角度，严禁与浪平行。

5）当两舟相遇或通过狭窄河道、桥孔时，应降低航速，观察清楚方可通过。

6）在水草较多或浮流物多的水域航行时，如发现航速下降或发动机声音不正常时，通常是螺旋桨缠绕杂物，应立即停车，清理干净再继续航行。

7）操作手必须熟悉水上航行的交通规则，主动避让来往航行船舶，航行中应集中精力，正确掌握航速和航向。

8）群机在一起航行或训练时，要规定航行区域，避免单机远航失去联络。

9）载重要均匀布置，使舟底与水面接近平行，以取得良好的航行效果。

10）使用过的工具或零件，应妥善放置在适当的位置，以防落水。

11）注意检查燃油剩余量，保证足够支持返航。

（2）浅水巡航。进行浅水巡航时，尽可能以最低速度航行。进行设置和在浅水中巡航时，不得向上倾斜船外发动机，以免使水下装置上的冷却进口超出水面；否则会由于过热导致严重损坏。

1）将变速杆置于"空挡"位置。

2）将倾斜定位销杆置于"释放/向上"位置。

3）将船外发动机略微向上倾斜。倾斜支撑托架将会自动锁定，从而在部分凸起位置支撑船外发动机。

4）若要将船外发动机恢复至正常运行位置，则需要将变速杆置于"空挡"位置。

5）将倾斜定位销杆置于"锁定/向下"位置，然后略微向上倾斜船外发动机，直到倾斜支撑托架自动恢复至自由状态。

6）将船外发动机慢慢地降低至正常位置，如图8.18所示。

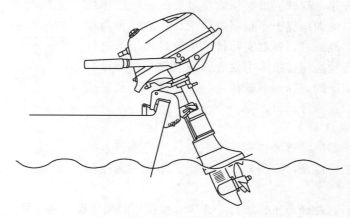

图8.18 浅水巡航

（3）编队航行。冲锋舟编队航行是针对水上搜救的需要而进行的多种队形的编队航行训练。常见的队形有三角形、"一"字形、S形（蛇形）、纵队队形等，如图 8.19 所示。

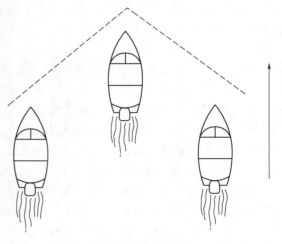

图 8.19　编队航行

（4）离岸、靠岸、靠船。在防汛抢险中，经常要用冲锋舟接送人员、运送物资，在执行此类任务时，离岸靠岸靠船是必备的驾驶技能。

冲锋舟一般采用倒退调头的方法离岸。启动船外机，将航行锁柄放在"锁紧"位置、离合器手柄向后扳动，挂上倒挡后稍加油门，倒行离岸。当倒退至舟首接近预定方向时，降低油门至"换挡"位置，将离合器手柄向前扳至空挡，稍停顿，再将手柄扳到前进挡，松开航行锁柄后逐渐加大油门，开始正常行驶。

冲锋舟执行完任务返回停泊点靠岸时要对准靠岸地点，根据水流速度和方向在距靠岸点适当位置，降低航速，将离合器手柄扳至"空挡"位置，利用舟的惯性缓慢靠岸，在接近岸边时要根据相对速度挂倒挡控制好触岸时的冲击力。在有水流情况下，靠岸时应逆水靠近码头。

在防汛抢险中，要在两舟间转运物资时，需驾驶冲锋舟与另一冲锋舟相靠，操作要领跟靠岸基本相同，可以根据相对位置选择从对方舟首或舟尾停靠，在掌握油门和方向调整上要特别小心谨慎，防止靠船时角度不对或速度太快造成撞击翻船事故。

2. 冲锋舟水上救援技术

冲锋舟水上救援，就是指抗洪抢险时，以冲锋舟为载具利用各种水上救援器材，为保护国家财产和人民生命安全而实施的水上救护行动。冲锋舟水上救援的具体内容包括水上打捞落水人员、救援被困人员等。

（1）打捞落水人员。冲锋舟打捞落水人员是指徒手或利用救生圈、抛投器等救生器材将洪水中的落水人员打捞至舟上。在打捞落水人员时，一般由冲锋舟驾驶员、两名打捞员组成，打捞员分别位于舟首两侧，保持平衡并压低舟首，使打捞员容易打捞到落水人员。

可以驾驶冲锋舟接近的落水点，先朝着落水人员方向行驶，接近时降低速度并调整航向，使打捞人员可用手或钩篙将落水人员拉至舟边并救起。

难以安全靠近的落水点可在救生圈上连接一根绳索，并将救生圈抛投至落水点，待落水人员抓住救生圈后，将其拉至舟边并救起。当落水点较远人力抛投无法达到时，可使用专用的救援抛投器，将救生圈、救援绳一起抛向落水者水流上方，救生圈落水完成自动充气，顺水而下靠近落水者。

（2）救援被困人员。在突发洪水灾害后，经常有群众来不及撤离，被困于洪水中的楼房、树木、电线杆、高地等，这些被困点一般水流较急，冲锋舟难以接近，救援行动的成败关键在于采取正确的操舟接近方法，及时靠上被困点，如果上游有合适可靠的系留点，应首先选择使用顺流接近方法；否则应采取逆流接近方法靠近被困点。①逆流定点操舟。方法是：进入点选在流线下游数十米处，以便舟能骑浪逆行，增强舟的抗倾覆能力，切忌从偏向上游方向或顺波方向选定进入点；采取先大航速后小航速的方法，可停靠后救人，也可边慢速航行边将被救者抓提至舟内。②顺流定点操舟。这种方法与逆流定点操舟相反，进入点选在预定点上游数十米处，将舟系留于固定点，然后放松系留绳，使舟顺水流漂至预定被困点，将被困人员救援上舟。

在采取上述方法无法靠近被困点时，根据现场情况在被困与安全点间距离适当时，也可采用索具进行救援。常用的有以下 3 种方法。

1）利用索具制作保险扶手。适用于流速大，水不太深的地段。设置方法是在安全地点与被困点之间将绳索张紧，高度不要离水面太高，两端必须固定牢固。供救人者和被救者沿绳索前进，防止人员被洪水冲走，起保险作用。

2）利用钢索进行摆渡。适用于距离适当，水深且流速大的地段。设置方法是将钢索固定在安全点与被困点之间，把舟的一端固定在钢索的滑轮上，操纵钢索，即可使舟在两点之间来回运动，运载人员和物资。

3）架设索道桥。将两根钢索水平、平行地固定于安全点与被困点之间，在其上铺设、固定木板、竹夹板等材料，构成索道桥，供被困人员从桥面通过。由于索道桥容易摇晃，为确保安全，应慢速通行，并派专人负责搀扶。

（3）溺水人员救护技术。将溺水的落水人员救上舟船或岸上后应立即按以下步骤进行抢救。

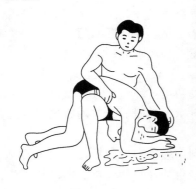

图 8.20　伏膝倒水法

1）将伤员抬出水面后，应立即清除其口、鼻腔内的水、泥及污物，用纱布（手帕）裹着手指将伤员舌头拉出口外，解开衣扣、领口，以保持呼吸道通畅，然后抱起伤员的腰腹部，使其背朝上、头下垂倒水。或者抱起伤员双腿，将其腹部放在急救者肩上，快步奔跑使积水倒出。或急救者取半跪位，将伤员的腹部放在急救者腿上，使其头部下垂，并用手平压背部进行倒水，如图 8.20 所示。

2）对呼吸停止者应立即进行人工呼吸，一般以口对口吹气为最佳。急救者位于伤员一侧，托起伤员下颌，捏住伤员鼻孔，深吸一口气后，往伤员嘴里缓缓吹气，待其胸廓稍有抬起时放松其鼻孔，并用一手压其胸部以助呼气。反复并有节律地（16～20 次/min）进行，直至恢复呼吸为止，如图 8.21 所示。

3）心跳停止者应先进行胸外心脏按压。让伤员仰卧，背部垫一块硬板，头低稍后仰，急救者位于伤员一侧，面对伤员，右手掌平放在其胸骨下段，左手放在右手背上，借急救者身体重量缓缓用力，不能用力太猛，以防骨折，将胸骨压下 4cm 左右，然后松手腕（手不离开胸骨），使胸骨复原，反复有节律地（60～80 次/min）进行，直到心跳恢复为止，如图 8.22 所示。

（4）冲锋舟水上救援安全事项。在水上担负救援的人员必须要注意做好被救人员及自

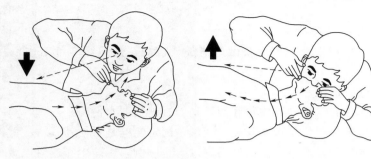

图8.21　人工呼吸

身的安全保障工作，才能成功完成救援任务。因此，在执行救援任务时要注意以下事项。

1）凡登舟人员必须穿着救生衣，或其他必要的防护措施。

2）在被洪水冲走时，应保持冷静，尽力避开急流、漩涡，切忌长时间逆流，以节省体力，并设法向安全点靠近。

3）若被卷入漩涡时，应尽力憋气，避免呛水，并设法摆脱。

4）救援人员要善于观察周围的情况，及时掌握水情的变化，尤其注意水位上涨后，应注意在水中仍然通着电的高压电线，防止因跨步电压击伤人员。

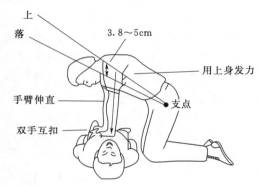

图8.22　胸外心脏按压示意图

5）防止蛇类等动物因躲避洪水，与人类抢占树木等避险处而袭击避难人员。

6）需下水救人时，一定要预先做好准备，先对"五心"即"手掌心、脚掌心、头顶心、前心、后心"用凉水适应后方可下水，以防出现下水后肌肉痉挛。

7）救人时一定要掌握冲锋舟的角度，防止撞伤、擦伤或螺旋桨打伤等事故。

8.3.5　停车

冲锋舟在应急抢险任务完成后靠岸，并按下列步骤停车。

（1）转动调速手柄至"慢速"位置，将离合器手柄放在"空挡"位置。

（2）拔出钥匙或按下熄火按钮，保持到发动机停车为止。

（3）船外机结束行驶后，应先关闭电锁，拆除油管，将发动机搬离水面后锁定定位销，或拆除发动机至包装箱内。

（4）油箱需拧紧呼吸阀，放置在安全地点，防止汽油溢出或挥发引起火灾。

8.3.6　封存

冲锋舟在主汛期结束后，由于长期不再使用，为保障长期闲置期间设备仍能保持良好的技术状态，需要进行一系列的封存工作。冲锋舟的封存包括舟体封存和发动机封存两部分。

1. 冲锋舟舟体的封存

冲锋舟舟体入库长期放置前，要做好清洗、检测、修理等准备工作，并按下列步骤实施。

（1）对舟体进行清洗。

（2）检查舟体外壳（特别要注意底面）是否有破损漏水情况。

（3）检查舟体舷板部位是否有开裂、变形，固定螺栓是否松动。

（4）将舟体堆放到仓库，注意做好固定以防止倾倒，用防尘布遮盖以减少灰尘附着。

2. 冲锋舟发动机的封存

冲锋舟发动机入库长期放置前，一定要做好严格的测试，禁止将存在故障的发动机封存，确保各配件、工具等齐全。封存时按下列步骤进行。

（1）入库前要将发动机安装到试验台进行运行检测和保养。

（2）燃空发动机内燃油，排空化油器及过滤器内的燃油。

（3）检查油箱、输油管等配件是否完好。

（4）放空油箱内的燃油。

（5）检查配套工具包内的工具是否齐全，补齐缺少的工具或配件。

（6）发动机装入包装箱内，入库堆放整齐。

8.4　设　备　管　理

冲锋舟在工作一段时间后要进行必要的维修保养，以保证防汛救灾任务的顺利进行，包括发动机磨合期保养和日常维修保养。

8.4.1　日常管理

（1）冲锋舟应指定专人负责维护管理。

（2）在每次起泊后，要对船体进行冲洗，对外漆面进行维护，保持表面干净整洁、无污染物。

（3）存放时，用支架固定，防止表面磨损。

（4）装卸冲锋舟要注意平衡、固定、防止碰撞，防止出现本体损伤。

（5）冲锋舟使用的汽油和机油必须单独存放，远离火源，做好防火措施。

8.4.2　检修维护

1. 冲锋舟发动机磨合期保养

防汛物资储备仓库中，存放着大量崭新的备用冲锋舟，在面对突发洪水灾害需要大量使用冲锋舟时，调拨使用的冲锋舟中有很大一部分尚未经过磨合，在满负荷执行救灾任务前，要高度重视磨合期的保养，防止在磨合期发生故障。

船外用发动机的磨合期一般为 10h，在磨合期间要特别注意燃料油的配比，雅马哈船外发动机在最初的 10h 磨合期要求汽油与机油的混合比例是 25：1，磨合期后为 50：1。发动机在磨合期尽量不要长时间满负荷运行，在发动机初次启动的 3～4min 内，应以怠速运转，让发动机得到良好的预热和润滑，预热后先慢速运行 3～5min 后才可中速以上运行。船外发动机在磨合期间必须在水中启动；否则容易造成水泵叶轮的磨损和发动机过热。

2. 冲锋舟常规保养

冲锋舟在执行任务中以及执行任务后，都要按规定定期对舟体和发动机进行日常保养，如图 8.23 所示。

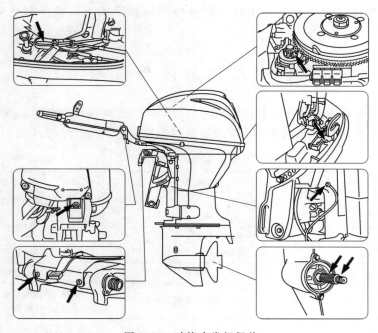

图 8.23　冲锋舟常规保养

当在海水、混水或泥水中每次航行后，舟体及发动机必须用淡水冲洗。混合好的燃油很容易变质，特别是存放于塑料容器中，存放时间不能超过一个月，变质的燃油将失去润滑作用，会严重损坏机器。

发动机火花塞每运行 100h 或每隔 6 个月要清洁、调整或更换。在拆除和安装火花塞时，要小心不能破坏绝缘体。绝缘体破坏后会产生外部火花，容易引起爆炸或火灾。在安装火花塞时，使用新密封垫，擦去火花塞螺钉与螺纹上的脏污，并用合适的扭矩（25N·m）拧紧火花塞。没有扭矩扳手时用手指将其拧紧后，再使其多转 1/4～1/2 圈即可，并在有扭矩扳手时立即调整至标准扭力（图 8.24）。

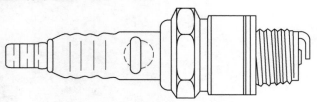

图 8.24　发动机火花塞

　　发动机每运行 100h 或每隔 6 个月要检查调整怠速。检查怠速时应将发动机安装到测试台上，启动发动机，使其在空挡位置完全预热直至平稳运行，检测怠速是否为 950～1050r/min，如果怠速不正常的应联系厂家进行维修。

　　发动机每运行 100h 或每隔 6 个月要检查清洁冷却水通道，确保发动机冷却水正常循环。

　　发动机每运行 100h 或每隔 6 个月要检查螺旋桨叶片是否磨损、气蚀或其他损坏，检查花键是否磨损或损坏，检查是否有异物缠绕于螺旋桨轴上，检查螺旋桨的轴封是否损坏。

8.5　常见故障与排除

　　冲锋舟在抢险救灾过程中经常遭遇各种危险障碍，发动机也有可能出现停车、动力下降等意外故障，在航行中遇到这些情况时要做到冷静应对、沉着处置（表 8.2）。

表 8.2　　　　　　　　　　　　　　常见故障与排除

故障现象	故障原因	解决办法
发动机突然停车，重启后再次停车	油路不畅	检查清理输油管是否畅通或燃油质量是否合格
发动机功率不足	(1) 严重超载 (2) 螺旋桨被杂物缠住	(1) 将载荷控制在额定范围内 (2) 检查螺旋桨是否被杂物缠住
燃油消耗快	燃油预混比例不对，机油过少	可向油箱加入适量机油
发动机功率正常，冲锋舟航速偏低	发动机的安装纵倾角不正确	调节发动机安装纵倾角使发动与冲锋舟的船中线垂直
发动机浸水	安装发动机时操作失误掉落水中	取下火花塞，拉启动绳将水排出，用汽油清洗

　　对冲锋舟在执行防汛抢险任务时及在维护保养过程中发现的故障不能及时处理的要列入维修计划。对于冲锋舟的一些简单故障，可以自行维修的应自行进行维修，如果故障复杂自身不具备相应的维修设备、场所和技术能力的或者厂家建议要返修的应返回原厂进行维修。

第9章

喷水组合式防汛抢险舟

9.1 设 备 概 述

喷水组合式防汛抢险舟是在玻璃钢冲锋舟和橡皮舟的基础上研发而成。是由各自独立、标准的玻璃钢舟体部件和PVC（或橡胶）充气胶舷部件，通过特殊的PVC棒材，以嵌入的方式连接而成。两种部件不仅各自独立，而且分别可以满足额定乘载状态下的稳定性要求，这就大大提高了该艇的适用性能和安全性能。

舟体部件和充气胶舷部件是标准化设计、标准化制造的，是可以任意互换、组合、拆卸的通用部件，以嵌入的方式进行线性连接，再利用气体膨胀原理，使两种部件牢固地结合在一起。由于这种连接是自艏至艉的线性连接，所以不仅连接强度高，而且强度的连续性非常好；在3~4人的情况下，组装拆卸的时间仅为5min即可完成。

主机有舷外机和发动机—喷泵一体机两种形式。艇（舟）最大乘员32人时能保持低速航行；乘员16人，玻璃钢艇（舟）体破损能保证低速航行；乘员16人，充气胶舷破损能保证低速航行。

9.2 设 备 参 数

9.2.1 结构图示

抢险舟结构尺寸如图9.1~图9.3所示。

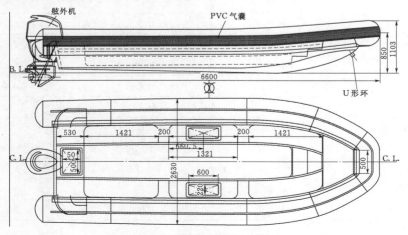

图9.1 抢险舟结构尺寸图示

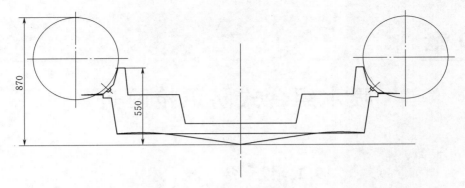

图 9.2   中央剖面图

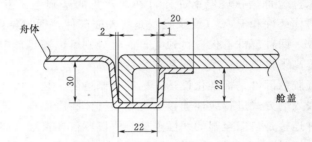

图 9.3   舱口位置典型剖面图

9.2.2   舟体技术参数

舟体技术参数见表 9.1。

表 9.1　　　　　　　　　　　　　　舟　体　技　术　参　数

项　目	性能指标	项　目	性能指标
主机型式	舷外机	总长	6.6m
主机功率	60hp	总宽	2.63m
操纵方式	艉操	型深	0.87m
启动方式	手操	设计吃水	0.3m
润滑方式	混合润滑	艇体材质	优质玻璃钢
舟体质量	500kg	充气胶舷直径	0.53m
满载排水量	1700kg	充气胶舷材质	PVC（或 HPY）
航速	38～42km/h	气室	5 个
2 倍乘员航速	18km/h	气室工作压力	0.22bar
燃油容积	25L	气室安全压力	0.25bar
适应水域	内河海遮蔽航区 B、C 级	嵌入棒材直径	10mm
回转半径	全速 1.5～2 倍艇长	乘员	16 人
抗风能力	蒲式 6 级	2 倍搭载乘员	32 人

注　1bar＝10^5Pa。

138

9.2.3　YAMAHA 二冲程发动机参数

YAMAHA 二冲程发动机技术参数见表9.2。

表 9.2　　　　　　　　　　　　YAMAHA 二冲程发动机技术参数

项　目	性能指标
总长	6.0m
总宽	2.57m
胶舷直径	0.50m
气室数	5 个
满载吃水	0.30m
舟体质量	280kg
气囊质量	55kg
V700Mn 发动机及喷泵装置质量	75kg
油箱及电瓶质量（含全部油的质量）	40kg
其他附件个数	18 个
空载排水量	468kg
主机功	700CC（81hp）
推进方式	喷水推进
乘员	13 人
满载排水量	1443kg
满载航速	36～40km/h
操纵方式	电启动、遥控
胶舷气密性	0.25bar
稳定性	满足现行规范要求
抗沉性	满足现行规范要求
回转半径	1.5～2 倍艇长
其他	2 倍乘员时性能满足要求

9.2.4　国产三江四冲程发动机参数

国产三江四冲程发动机技术参数见表9.3。

表 9.3　　　　　　　　　　　　国产三江四冲程发动机技术参数

项　目	性能指标
主机功率	105kW
推进方式	喷水推进
乘员	16 人

项　目	性能指标
满载排水量	1730kg
满载航速	40～42km/h
操纵方式	电启动、遥控
胶舷气密性	0.25bar
稳定性	满足现行规范要求
抗沉性	满足现行规范要求
回转半径	1.5～2 倍艇长
其他	性能满足要求 2 倍乘员时
总长	6.60m
总宽	2.63m
胶舷直径	0.53m
气室数	5 个
满载吃水	0.30m
空艇体质量	330kg
气囊质量	55kg
SH476 发动机及喷泵装置质量	125kg
油箱及电瓶质量（含全部油的质量）	50kg
其他附件个数	10 个
空载排水量	530kg

9.3　设　备　使　用

9.3.1　防汛抢险舟舟体或充气胶舷使用

（1）平整展开胶舷，放在舟前部，注意安全阀或充气阀方向朝下。

（2）用洗涤剂溶液充分润滑艇（舟）体两舷切槽。

（3）胶舷尾部胶棒头与舟体首部孔对中，一舷向尾部拖曳至 1/3 舟体处，拖曳另一舷侧胶舷至尾部。

（4）调整胶舷使首部与艇艄对中，骆驼背与 D 环用安全扣连接。

9.3.2　充气胶舷的充气方法

（1）保持充气阀内的弹簧在压缩的状态。

（2）充气泵接上电瓶对充气阀充气。

（3）弹起充气阀内的弹簧。

（4）拧紧塑料盖。

9.3.3 发动机使用方法

（1）发动机使用前先将电瓶电源线接好，红正黑负。

（2）将油箱加满混合汽油（磨合期1：25，磨合期过后1：50），在发动机启动之前，先用力压手油泵，油泵即向发动机供油，直到手油泵按压不动时，即可停止按压。

（3）发动机启动时必须保证行程开关处于闭合状态，即尾舱盖不可打开；否则发动机无法启动。

（4）混合汽油加好后，将保险钥匙插上，用手轻轻向上提停车开关，插上保险钥匙即可。

（5）钥匙插好后，打开阻风门（注意：机器长时间放置后再次启动时，需要打开阻风门，发动机启动后关闭阻风门，如一天内多次启动，则只需第一次启动时打开阻风门）。

（6）启动前注意挡位必须处于空挡位置；否则发动机无法启动。

（7）上述几个步骤完成后，按下启动按钮，启动发动机，发动机启动后，关闭阻风门（注意：发动机启动后应预热3min左右，天冷时适当延长时间，不可启动后立即加油前进，易损坏发动机）。

（8）发动机启动后，注意观察尾部排水口是否排水，如果正常排水即可使用（注意：如不排水应立即停车检查，以免烧坏发动机）。

（9）关闭发动机时，长按停车按钮3s或紧急情况拔下停车保险钥匙，即可关闭发动机（注意：上岸后，应在岸上点火2～3次，高速排净机器内循环水，每次点火应不超过15s）。

9.4 管 理 保 养

9.4.1 艇（舟）体储存与保养方法

（1）艇（舟）体建议放在仓库中储存，不能长期暴露在室外及强紫外线环境下。

（2）保持艇（舟）体表面清洁、无划痕、无裂纹、无撕裂等，如有异常及时进行修理。

（3）管系、电线、操纵无裸露，无打结，清除表面异物。

（4）U形环、羊角、合页、锁扣等除锈，清洗表面，清除表面异物等。

（5）每次出航后，要用清水清洗甲板、艇体等；及时清理甲板、舱内积水；及时清理油箱内的汽油及杂质。

（6）任何备件和配件如有遗失和破损应及时更换。

（7）定期检查、维护电瓶。

9.4.2 充气胶舷的储存与保养方法

（1）建议放在恒温、恒湿度的仓库中储存，不能长期暴露在室外（温度为20～25℃、湿度小于70%）。

（2）VC胶舷在每次出航后，要及时清洗表面泥沙和清洗表面油污等。

（3）PVC 胶舷禁止在地面上或粗糙表面上拖曳，一定要叠好整体移动。

（4）PVC 胶舷用包装袋包装，避免与其他硬质及尖锐物体碰撞或摩擦。

（5）PVC 胶舷折叠时注意避免气囊表面被充气阀和安全阀摩擦。

（6）如 PVC 胶舷表面有小的破损，应用修补桶里的皮子进行修补。

9.4.3　动力装置的维修与保养

1. 更换保险丝

（1）卸下电气盒盖子，拉出红色引线，从电气盒中取出保险丝盒。

（2）打开保险丝盒，用适当安培数的保险丝更换。

2. 发动机润滑

（1）打开消声器上的盖子。

（2）在通风良好的区域启动发动机。

（3）发动机处于高速怠速时，通过消声器盖子上的孔快速喷射尽可能多的防锈剂。持续喷射，直至发动机失速（或最长 15s）。

（4）牢固地装上盖子。

（5）润滑缆索，如油门手柄、阻风门及转向缆索等。

3. 燃油滤清器

燃油滤清器应在初次使用 10h 或运行第一个月，以及以后每隔 200h 或 24 个月，或过滤器中有水时及时更换。

4. 清洁并调节火花塞

火花塞是重要的发动机元件，并易于检查，火花塞的状态在某种程度上表明了发动机的状态。例如，如果中心电极发白时，表明在该汽缸中可能有进气泄漏或化油故障。

9.5　故障诊断方法与修复

发动机故障诊断与修复见表 9.4。

表 9.4　　　　　　　　　　　　　　　发动机故障诊断与修复

故障现象	可 能 原 因		修　　复
发动机 不启动	发动机马达不运转		
	发动机停止开关	插片未安装	安装插片
	保险丝	烧断	更换保险丝并检修线路
	蓄电池	耗尽	重新充电
		端子连接不良	根据要求紧固
	启动机马达	故障	请雅马哈代理商维修
	启动机马达转动		
	燃油选择	旋至"OFF"	将燃油选择按钮旋至"ON"
	燃油	已空	立即加油
		时间过久或污染	请雅马哈代理商维修

续表

故障现象	可 能 原 因		修　复
发动机不启动	燃油箱	有水或污物	请雅马哈代理商维修
	火花塞	失火或故障	清洁或更换
	火花塞帽	未连接或松动	正确连接
	曲轴箱	有水	转动发动机曲轴，取下火花塞直至清洁完毕
	燃油滤清器	堵塞或积水	请雅马哈代理商维修
	阻风门	按钮自动复位	紧固阻风门拉手调节螺母
发动机不正常运转或失速	燃油	已空	尽快加油
		时间过久或污染	请雅马哈代理商维修
		燃油中的机油过多	纠正燃油机油之比为 50：1
	阻风门	按钮保持拔出状态	完全按进
	燃油滤清器	堵塞或积水	请雅马哈代理商维修
	燃油箱	有水或污物	请雅马哈代理商维修
	火花塞	污染或有故障	更换
		热范围不当	更换
		间隙不正确	调节
	火花塞帽	松动	正确连接
		有裂纹、撕裂或损坏	更换
	电气接线	电气连接松动	紧固或正确连接
	化油器	急速调节不当	调节怠速
		堵塞	请代理商维修
减慢或丧失动力	气蚀	进气口堵塞	清洁
		叶轮损坏或磨损	请雅马哈代理商维修
	发动机过热	进气口堵塞	清洁
	燃油滤清器	堵塞	请雅马哈代理商维修
	火花塞	污染或有故障	更换
		热范围不当	更换
		间隙不正确	调节
	火花塞帽	松动	正确连接
	燃油	时间过久或污染	请代理商维修

第4篇

防汛抢险专用装备

第10章

植 桩 机

10.1 设 备 概 述

便携式防汛抢险打桩机是一种新型的专门用于汛期抗洪抢险,汛前、汛后堤防加固,维护江河湖塘堤岸的打桩机械,国内首创。它不仅代替目前人力夯打的作业方式、减轻人力作业的劳动强度、提高打桩效率,而且实现了防汛抢险打桩机械化,填补了国内空白。

10.2 基 本 结 构

植桩机整体图示如图 10.1～图 10.3 所示。

图 10.1　植桩机整体外观

图 10.2　植桩机局部

本机由主机和动力装置组成。

主机激振器的输入和动力装置的输出轴通过软轴连接,主机两个人即可操作。由于主机和动力装置分离,采用软轴连接传动,所以工作时动力装置可放置于地面上,在洪水中作业时,动力装置可由作业人员背负工作。

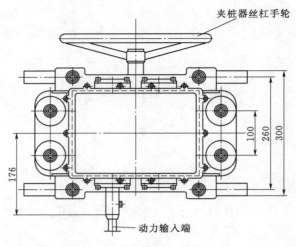

图 10.3 植桩机结构尺寸

10.3 设 备 参 数

10.3.1 动力装置

植桩机动力装置技术参数见表 10.1。

表 10.1
植桩机动力装置技术参数

型 号	175
标定功率	4.85kW
离合器结合转速	500～1200r/min
外形尺寸（长×宽×高）	660mm×500mm×750mm
动力装置总质量	73kg

10.3.2 工作参数

作业对象：江、河、湖、塘堤岸匀质、砂质土壤。其工作参数见表 10.2。

表 10.2
工 作 参 数

木桩直径	60～120mm
木桩长度	小于 3000mm
沉桩速度	500～1000mm/min

10.3.3 主机参数

植桩机主机参数见表 10.3。

表 10.3 植桩机主机参数

长×宽×高	450mm×350mm×450mm
主机质量	74kg
结构形式	震动冲击调频式
最大冲击能	110.46N·m
软轴长度	4～6m

10.4 操 作 规 程

10.4.1 适用范围

便携式植桩机由动力源、传动软轴、击振器 3 个部分组成，在结构上小巧实用，可适应各种场地，具有简洁合理、省工省力、操作简单、适应性强、桩顶不易劈裂等优点。该植桩机可以完全代替人工，结束人工打桩历史，比较适应防汛的具体情况，具有较高的实用价值。便携式植桩机不但适用于防汛抢险，还可用于一些不便于大型机械施工的作业需要。

10.4.2 操作方法

（1）将木桩插立于需要植入的地上。

（2）一般用两人将打桩机抬放于桩的上端，两人抬着击振器，一人扶着木桩，当木桩较长时，需要利用跳板和木桩搭设简易脚手架。再用固桩卡盘将桩推至中心（木桩以直径为 8～12cm，长度 3m 以内效果较好），然后，稍微松开卡盘，使桩在卡爪内处于自由状态。

（3）植桩机与气源用橡胶管相连。

（4）扶持好植桩机，将开关扳到"开"的位置，打桩机开始连续工作。

（5）待桩植入所需深度后，将开关扳至"关"的位置，从而结束该桩的植入。

（6）植桩机移至新桩上端套入，用固桩卡盘使桩位于中心，处于自由状态，将开关扳至"开"的位置，植桩机便开始进行新桩的植入。

10.4.3 注意事项

（1）植桩机工作时，要有专人指挥。指挥人员与操作人员在工作前要相互核对信号。工作中应密切配合。

（2）开始时，应用电铃或其他方式发出信号，通知周围人员离开。

（3）植桩机与桩帽、桩帽与管柱（或桩）平面要垫平，连接螺栓应拧紧，并应经常检查是否松动。

（4）植桩机的启动应由低速挡逐挡加快到高速。

（5）植桩机在工作中应密切注视控制盘上电流、电压的指示情况。若发现异响或其他异常情况，应立即停机检查。

（6）经常检查轴承温度及轴承盖螺钉是否有松动现象，要严格检查偏心铁块连接螺钉有无松动，防止发生事故。

10.4.4　操作流程

1. 植桩机在工作前

（1）动力装置部分。油箱内装满混合（70号汽油与10号车用机油按容积比20∶1混合）汽油，并检查油路是否畅通，油门调节是否灵敏可靠，并按发动机的使用说明书进行操作，检查发动机能否正常工作。

（2）检查激振器振动弹簧是否安装到位，4个弹簧的预压缩量是否相同，激振器与4根导向轴是否有卡死现象，并用钙基润滑脂润滑导向轴。

（3）用软轴连接主机输入端和动力装置减速器输出轴，并拧紧定位螺钉，以保证在使用过程中不致脱落。

（4）将木桩放进夹桩器内，木桩顶端与夹桩器上锤板顶紧，转动丝杠手轮，顶紧木桩。

2. 工作中

（1）由两个工作人员扶起主机和木桩，使木桩尖垂直扎入匀质土壤中，由另一名作业人员发动发动机，调节油门使减速器通过离心式蝶形离合器结合，通过软轴输出动力带动激振器开始工作。

（2）根据土层性质和入土深度随时调节油门，以调节激振器的激振力和振动频率，从而达到最佳匹配。

（3）在打桩过程中为补偿木桩松动，由一名作业人员随时转动丝杠手轮，进行持续顶紧木桩直至木桩打进所需深度。

3. 打桩结束

调节油门使发动机转速降低，软轴输出速度为零。松动丝杠，将主机从木桩上卸下，即完成打桩全过程。

10.4.5　注意事项

（1）工作人员扶打桩机时应扶住机架扶手，且身体不要靠近打桩机，特别是头部应防止头发卷进振动弹簧内。

（2）应保证在打桩过程中打桩机垂直向下工作，不应倾斜。

（3）如发现振动弹簧轴上的螺母松动或激振器与机架卡死等现象，应立即停止工作，重新调整激振器与机架间隙，调整好弹簧的预压缩量并拧紧螺母后再开始工作，弹簧的预压缩量为5mm。

（4）传动软轴与减速器和激振器的连接必须可靠，并保证软轴最小弯曲半径不得小于160mm，并应防止打桩过程中软轴打结。

（5）如发现焊缝开裂、机架变形等必须立即停机进行检修，必要时请厂家派人员维修，并坚持日常保养。

10.5　设　备　养　护

(1) 检查所有外露螺栓、螺母、保险销钉等是否牢固可靠。

(2) 按润滑要求加注润滑油或润滑油脂。

(3) 定期检查变速箱、分动箱及液压系统油箱的油面位置。

(4) 检查各处漏油情况并视情况加以处理。

(5) 清除卡盘及卡瓦齿面上的污垢、泥土。

(6) 清理干净抱闸内表面的油、泥。

(7) 清洗油箱内过滤器、更换变质或脏污了的液压油。

(8) 卸开卡盘、清洗卡瓦及卡瓦座，如有损坏应及时更换。

(9) 检查各主要零部件的完好情况，如有损坏应及时更换，不可带伤工作。

10.6　常见故障与排除

10.6.1　植桩机锤运转不正常

主要原因可能有以下几个。

(1) 燃油中含有杂质，要及时更换。

(2) 燃油中有空气，这时要进行排气。

(3) 油路及滤油器阻塞，要拆开清洗。

10.6.2　锤停止工作

(1) 无燃油、油路堵塞（滤油器、开关、油管），遇到这种情况要尽快疏通油路。

(2) 供油杠杆曲面磨损过大或锁紧咬住油泵柱塞、阀、调节杠杆等失灵，遇到这种情况要更换供油杠杆，调整油泵柱塞、阀、调节杠杆。

(3) 密封圈损坏漏油，杂物将活塞卡住，不能下落。遇到这种情况要更换密封圈，取出杂物。

10.6.3　油泵和油路漏油

主要是因为连接螺母松动或密封圈损坏、油箱焊缝振裂、油管损坏，要拧紧螺母、更换密封圈。

第11章

便携救生抛投器操作规程

11.1 设　备　概　述

远距离救生抛投器是以高压空气为动力，以高压空气瞬间释放产生的高速气流的推动作用（类似迫击炮方式）发射的一种抛投装置，可适用于水上救生和陆用救援。

水上救生：适用于河边、湖边、江边和海边等复杂救援场所，可迅速、连续实施远距离水上救生。

陆用救援：适用于船用、警用、军用、消防、船对船、船对岸、高楼或山涧等救援场合的抛绳作业。

11.2 基　本　参　数

便携救生抛投器基本参数见表 11.1。

表 11.1　　　　　　　　　抛 投 器 基 本 参 数

项目名称	具　体　参　数
总成质量	3kg（无水分条件下）
工作压力	6MPa
发射初速	30m/s
救援绳尺寸	ϕ3mm×100/120m
救援绳压力	最小 2000N
救援距离	水用时水用救援弹抛射距离最远90m；陆用时抛绳救援弹抛射距离最远100m
CO_2气瓶	规格：瓶口规格 1/2″-20UNF，气体净含量为（33±1）g，直径为 25.4mm，总长度为139mm
水用救援弹入水 5s 内自动充气成为救生圈，产生 8kg 以上浮力

11.3 使　　　用

11.3.1　充气

（1）拨动枪托定位器拨钮折下枪托。

（2）向上拨动保险拨钮，上好保险。

（3）枪口朝下，快速旋入气瓶固定管，将 CO_2 气体充入汽缸。

注意：当抛投器不用时，已用或未用的 CO_2 气体不允许留在气瓶固定管内。

11.3.2　装弹

（1）从救援弹尾盖中心孔拉出 20～80cm 救援绳。

（2）将救援绳压入铝管侧面的绳槽中，把救援弹插入发射管中。

（3）把救援绳系在汽缸前端系绳孔中，或系紧在其他合适的地方。

注意：充气完成后，根据不同场合和需求选择适合的抛绳弹。

11.3.3　发射

（1）瞄准目标上方，观察斜度仪调整好发射角度。

（2）向下拨动打开保险。

（3）迅速有力扣动扳机并紧握片刻，将救援弹射出，如图 11.1 所示。

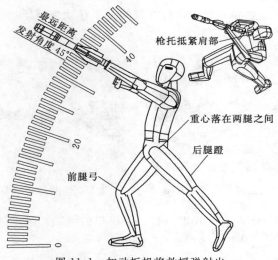

图 11.1　扣动扳机将救援弹射出

11.3.4　训练弹

（1）将救援弹压入弹头侧面的绳槽中。

（2）把训练弹插入发射管中。

（3）将绳包内的救援绳接入训练弹头的绳环上。

注意：为确保使用安全和关键时刻发挥抛投器的作用，对人员的培训是非常重要的。

11.3.5　装绳方法

1. 气动模式

准备工作：把救援绳从救援弹上解开，理顺，清洗，晒干后将其重新装入。整个过程都需要避免绳子打结。

操作步骤如下。

（1）把接头连上空压机气源 0.5～0.7MPa，从装绳器手柄小孔处插入 3～4cm 长的救援绳（图 11.2）。

（2）向上转动打开手柄上的气阀，救援绳将从管子另一端吹出来（图 11.3）。

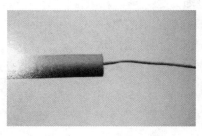 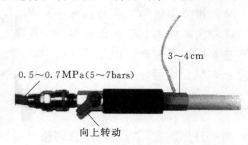

图 11.2　从装绳器手柄小孔处插入救援绳　　图 11.3　救援绳从管子另一端被吹出来

（3）把吹出的救援绳和救援弹里的引导绳打结（图 11.4）。

（4）把装绳器插入发射弹铝管中，打开气阀上下移动装绳器，救援绳装入救援弹（图 11.5）。

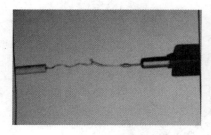 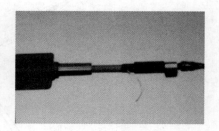

图 11.4　将救援绳和引导绳打结　　　　图 11.5　将救援绳装入救援弹

（5）当救援弹还剩 4m 左右的长度时打一个简单的绳结，继续装入救援弹，此目的是在救援弹飞行时拉出尾盖（图 11.6）。

（6）当救援绳全部装入救援弹后，将救援弹的末端从尾盖中心孔中穿出（图 11.7）。

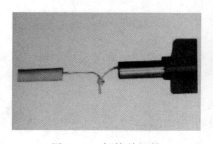 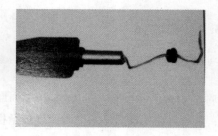

图 11.6　打简单绳结　　　　　　图 11.7　将救援绳从尾盖中心孔中穿出

（7）盖上尾盖，发射弹处于备用状态（图 11.8）。

关于绳包装绳：所有装填程序和救援弹装填一样，救援绳装填后，留 10cm 绳头在绳包外面，以便跟其他绳索连接。

2. 手动模式

当现场没有空压机气源时，可用以下方法完成救援绳装入救援弹的工作。

操作步骤如下。

（1）将救援绳理顺，并和救援弹里的引导绳连接。

（2）将救援绳顺次放入弹管，用装绳器前端将绳子往里压，直到装满为止。

图 11.8　盖上尾盖

（3）当救援绳装入救援弹后，将其末端从尾盖中心孔中穿出。

（4）盖上尾盖，发射体处于备用状态。

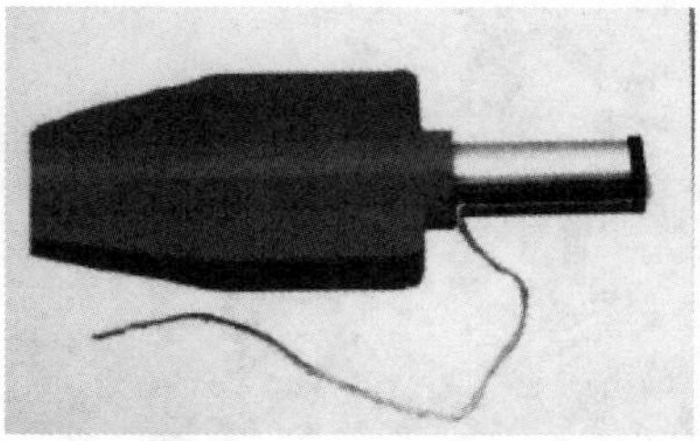

注意：救援弹未装尾盖禁止发射！

更换自动充气救生圈救援弹头方法如下。

（1）救援绳装完后，将绳子的末端与救生圈拉绳连接（图 11.9）。

（2）将自动充气救生圈与救援弹弹体套合（图 11.10），弹头对准位置套入后要旋转一下使卡点定位。

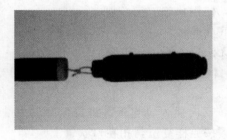

图 11.9　将绳子末端与救生圈拉绳连接

图 11.10　将自动充气救生圈与
救援弹弹体套合

注意：套合前要确保救援绳已装入救援弹弹体。

11.4　设　备　管　理

11.4.1　使用后

为防止沙子及其他杂物附着，使用时应清洗，并用布擦拭，在进气口处滴 2～3 滴润滑油，如图 11.11 所示。

将使用后救生圈充气至饱和，并在室内放置 24h，无明显漏气方可再次使用。

11.4.2　每月检查

试推保险拨钮和扳机确保顺畅自如，此项需在室外进行，以防因剩余气体残留在主体内造成危险，应将抛投器存放在干燥安全处。

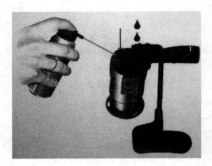

图 11.11　在进气口处滴
2～3 滴润滑油

11.4.3　重新安装自动充气救生圈

准备工作：在重新安装救生圈前，将其清洗、风干，并排空救生圈内的残留气体。

（1）拧下救生圈上自动阀的底座，将使用过的触发剂取下。

（2）将自动阀阀体内的水擦干，换上新的触发剂（白面向上），将底座旋紧。

（3）将用过的 CO_2 气瓶取下，换上新的 CO_2 气瓶。CO_2 气瓶使用过后，瓶口会被刺针刺破留下一个洞。

（4）救生圈上有一个人工应急气嘴（下称口吹管），在救生圈压力不足的情况下可使用口吹管进行补充（救生圈的排气也可通过口吹管进行）。

11.5　包　装

注意：（1）触发剂有限期，储存状态 2 年，使用状态 1 年必须进行更换。

（2）自动阀处于正常工作状态时，底座的底端显示绿色；反之显示红色。

（3）必须将救生圈内的气体排空；否则将无法装入水用保护套内。

（4）在将自动充气救生圈装入保护套时，自动阀底部要与水用保护套顶部的方向一致，错误的安装可能导致无法迅速充气。

排气方法：将口吹管上的黑色防尘帽取下，反向插入口吹管，将救生圈从一端卷起，使气体排出，救生圈空气排空后，将黑色防尘帽按原样复位，扣在口吹管上。

第12章

板 坝 式 子 堤

板坝式子堤作为一种新型现场装配式挡水子堤，较好地克服了传统子堤的不足，通常作为国家、流域或省市定点仓库防汛抢险器材储备，也可直接装备于抗洪抢险特殊部队和机动抢险队。

12.1 用　　途

主要用于沙壤土、壤土、黏土及混凝土、沥青等软硬质堤防作应急防漫堤抢险。

12.2 主　要　特　点

板坝式子堤是突破传统思维模式，摒弃传统筑堤材料、工艺的一种全新、快捷、廉价、环保型防灾减灾器材。具有依水治水、高效快捷；组坝灵活、适应性强；便于储运、造价低廉；回收复用、绿色环保等特点。

12.3 主　要　指　标

(1) 子堤宽：1.2m。
(2) 适用堤质：沙壤土、壤土、黏土/混凝土、沥青。
(3) 子堤高：1.30m/1.35m。
(4) 挡水高度：1.0m。
(5) 原堤顶宽：4.0m 以上。
(6) 安全系数 k：2.0～3.35。
(7) 设计风速：6.0m/s。
(8) 设计河面宽/风浪高：4km/0.3m。
(9) 子堤自重：26t/km。
(10) 构筑速度：60min 120 人/km。

12.4 结　构　原　理

12.4.1 结构组成及作用

板坝式子堤主要由 11 个部件组成。

（1）角架。由钢管成型焊接而成，是坝体的支撑框架。A 型（三脚架后侧贴红色标签）为通用支撑框架；B 型为便于相邻挡水防渗布搭接而设置的专用支撑框架。

（2）横梁。由钢管与专用接头焊接而成，是坝体的连接支撑件。

（3）挡水支撑板（支撑板 A）。主体为波纹复合板。挡水支撑板与角架、横梁通过螺栓固定成一体，其作用：一是与角架、横梁等一起组成坝体承力载体；二是为挡水防渗布提供依托（其曲面是为提高其承载力而设计的特殊结构）；三是作为刚性护栏为挡水防渗布提供防划破保护。

（4）连接板兼防渗定位卡子（支撑板 B）：一是作为相邻挡水支撑板固定搭接定位卡子；二是作为相邻挡水防渗布防渗定位卡子。

（5）土基专用防渗定位卡子。它是专为土基条件下，作相邻挡水防渗布防渗止水而设计的专用定位卡子。

（6）挡水防渗布。为二布一膜的土工膜布或双面涂胶布。设置在刚性坝体迎水侧，是子堤挡水防渗的关键部件之一。根据堤基不同，设计了两种结构：一是适应软质堤基的埋设式挡水防渗结构；二是适应硬质堤基的挤压式挡水防渗结构。

（7）止水弹性体。它由具有弹性功能的橡塑材料制成，专门用于硬质堤基条件下坝体下沿止水。

（8）抗位移异形板兼止水定位卡子。由钢板冲压成型。根据堤基不同，有两种使用方法：在软质堤基应用时倒置于沟槽中起抗位移作用；在硬质堤基应用时起定位挡水防渗板和压实止水弹性体的作用。

（9）L 形桩。由钢板压型而成，在土基条件下起定位和抗横滑作用。

（10）定位卡子。由钢板压型而成，在硬基条件下与膨胀螺栓或道钉配合，起固定和抗横滑作用。

（11）弹性挂钩。由弹簧钢丝制成，用于挡水防渗布的搭挂、定位。

12.4.2　工作原理

板坝式子堤是引用水工中面板坝原理，用多个角架、横梁、挡水支撑板等部件连接紧固形成刚性子堤坝体，挡水支撑板和挡水防渗布起到面板坝挡水作用。埋入软质堤基土中的挡水防渗布起到防渗流作用。

12.5　抢险的组织与实施

板坝式子堤现场抢险工作，事关人民生命财产安危，事关社会安全稳定，事关国家对外形象。具有时间紧迫、环境恶劣、技术性强、安全性高等特点，其组织实施工作，必须强调统一组织、统一计划、统一指挥、统一实施；必须坚持依据预案、科学决策、充分准备、保障有力；必须保证按工艺流程施工、按技术要求检查、按安全标准验收。

12.5.1　主要程序

（1）危险汛情发生后，由相关省、市的防汛指挥部，研究决定是否实施应急子堤抢险。

（2）成立专门的组织机构。

1）负责修订、完善应急子堤抢险方案、计划。

2）负责调集人员、设备、器材。

3）负责抢险全过程的组织指挥。

（3）按照板坝式子堤施工工艺要求，构筑应急挡水子堤。

（4）根据汛情，做好维护加固工作。

（5）汛情过后，做好子堤撤收、清洁、保养和入库等工作。

12.5.2 人员编组

现场构筑人员编组，指预想子堤器材已运抵作业现场，按实际布设装配、检查校验所需人员进行编组。通常以每公里配置一个连（120 人左右），每 250m 配置一个排（30 人左右）作为相对独立作业分队（在土基条件下作业时，可增加 100 人，用于开挖防渗沟槽），每个排又分为若干作业小组，其具体人员编成及任务分工如下。

（1）连长（中队长）、排长（分队长）负责本中（分）队的组织指挥工作。

（2）测绘、验收组：组长 1 名；测绘、技术验收员 2 名。主要负责测绘标定子堤轴线，确定开槽（软基）或打孔（硬基）位置，检查验收子堤施工质量。

（3）开槽（打孔）组：组长 1 名，开槽（打孔）操作手若干名。在软基（土堤）应用上，该组主要负责在堤顶开设截渗、防位移沟槽；在硬基应用上，该组主要负责打孔及放置、紧固膨胀螺栓或夯入道钉。

（4）坝体装配组：组长 1 名，操作手若干名。主要负责装配刚性坝体，也可与挡水防渗组联合作业。

（5）挡水防渗组：组长 1 名，操作手若干名。主要负责埋设挡水防渗布，也可与坝体装配组联合作业。

12.5.3 抢险现场总体布置

（1）施工道路：利用堤顶道路或防区公路作为施工通道。

（2）子堤施工作业区：在原堤顶迎水侧边沿 2.5m（软基）或 1.5m（硬基）宽度内，清除软质堤基施工区内树木等杂物至施工所需长度。

（3）料场：板坝式子堤所需构件由运输车辆运输至现场。

（4）生活区：设在抢险现场附近（视工程进度而定）。

12.5.4 抢险作业工艺

1. 软质堤基施工

作业工艺，主要有以下六步。

第一步：设计坝轴线（一般情况下，子堤迎水侧沟槽距迎水侧堤顶边沿 50cm 为宜），平整堤基表面。

第二步：开挖防渗抗位移槽。开设防渗及抗位移沟槽 3 条（防渗槽一条，抗位移槽一条，防渗兼抗位移槽一条），并将挖出的土堆放在沟槽迎水侧备用（必要时，也可只开防渗兼抗位移槽一条）。

第三步：设置刚性支撑体（为提高作业速度，可采取分组装配三脚架和横梁，形成单元式结构，待沟槽开设完毕，即可将若干个单元组合放置到预定位置）。

（1）设置异形板：将异形板放置于抗位移槽中。

（2）装配三脚架和横梁：将三脚架交替地放在两块异形板接缝中间及单块异形板中间位置（按照两个 B 型三脚架、30 个 A 型三脚架的顺序交替放置），同时依次将横梁插接后，安装在三脚架定位螺栓处。

（3）装配挡水支撑板及连接板兼防渗压板：先将挡水支撑板及连接板兼防渗压板交替地安装在三脚架和横梁的相应位置上，而后用螺母配弧形垫紧固（挡水防渗布搭接处暂不紧固）。

（4）夯入防位移道钉及 L 形桩。

第四步：搭挂、埋设挡水防渗布。

（1）折叠挡水防渗布。将挡水防渗布按照 1.70m（作为挡水部分）、2.30m（作为防渗部分）折叠后（折叠线为红色标志线），放置在防渗兼抗位移槽外侧（因挡水防渗布展开后幅面太宽，此步骤应在第二步完成后实施，必要时也可对折埋设在防渗兼抗位移槽内）。

（2）将挡水防渗布掖入防渗抗位移沟槽内。

（3）将挡水防渗布的挡水部分搭挂在支撑板弹性挂钩上（起点对位），将挡水防渗布的防渗部分暂时搭挂在支撑板上。

（4）用土将防渗抗位移沟槽埋实。

（5）将挡水防渗布掖入防渗沟槽内，并用土埋实。

第五步：相邻挡水防渗布防渗处理。

（1）用连接板兼防渗压板分别将相邻重叠的挡水防渗布两端用力压实，并拧紧防渗板固定螺母。

（2）在相邻挡水防渗布（堤面部分）重叠处上下侧分别放置一块土基专用防渗压板（上下两块波纹要重合），并在其上压沙、土袋，通过压力密封，达到防渗目的。

第六步：检查验收。

2. 硬质堤基施工

作业工艺，主要有以下五步。

第一步：确定子堤轴线（一般情况下，子堤前沿距迎水侧硬质堤基边沿 35cm 为宜，也可紧挨堤基边沿布置）。

第二步：设置刚性坝体。

（1）根据子堤轴线位置，铺设止水弹性体。

（2）在止水弹性体上铺设挡水防渗布。将整幅挡水防渗布对折后对折线朝内铺在止水弹性体上（对折线距离止水弹性体 10cm）。

（3）设置连接异形板。将异形板依次插接放置在挡水防渗布上，其纵向轴线应与止水弹性体轴线重合。

（4）设置三脚架、架设横梁及支撑板。此步骤参照软基第三步实施。

（5）用定位卡子和道钉（膨胀螺栓）将三脚架固定在堤面上。

第三步：搭挂、固定挡水防渗布。

第四步：处理相邻挡水防渗布防渗问题。

用连接板兼防渗压板分别将相邻重叠的挡水防渗布两端用力压实，并拧紧防渗板固定螺母。

第五步：检查验收。

12.5.5　抢险施工计划控制

子堤器材用料见表12.1，配套作业设备机具需求见表12.2。

表 12.1　　　　　　　　　　　子堤器材用料（长度 1m）

材料	单位	数量
单元挡板	块	1
膨胀螺丝或钢钎	套（根）	6
压条	条	1

表 12.2　　　　　　　　　配套作业设备机具需求表（长度 1m）

材料	单位	数量	备注
铁锤	把	1	安装固定件
铁铲	把	1	清除杂物
扳手	把	1	固定止水复合土工膜

12.6　板坝式子堤应用规程

12.6.1　板坝式子堤运行环境要求

1. 堤防顶宽

板坝要求母堤顶宽大于 6m，根据《堤防工程设计规范》中 6.4 土堤堤顶结构中的 6.4.1 土堤堤顶宽度需满足堤防不宜小于 8m，2 级堤防不应小于 6m。

2. 运行温度

安装与运行环境温度要在 5～45℃。

3. 运行维护要求

安装与运行需要有组织地进行，在安装与运行前需要对有关人员进行演练培训。

4. 板坝式子堤安全要求

板坝式子堤主挡水面料是土工膜布及波纹复合板，在安装与运行中不能受到刃器刺划、击打，子堤上不能放置重物。

12.6.2　布置及安装

（1）对预设子堤区域进行平整，清理堤顶，堤顶无大的坑洼、无草木。

（2）沿坝轴线放置子堤部件。挡水支撑板每 0.72m 一块，异形板每 3m 一块，三角形支撑框架每 1.5m 一个，挡水防渗布每 50m 一卷。

（3）安装作业（详见抢险作业工艺）。

12.6.3　维护

（1）板坝式子堤在运行中要 24h 看护。检查运行中是否正常。

（2）发现问题要及时处理，包括以下情况。

1）挡水支撑板变形：用备用支撑板和支架背在后面。

2）防渗布撕破：在迎水侧用大块土工布铺盖，并用土、沙袋压实密封。

（3）汛后分解撤收，将各部件冲洗晾干（必要时，可对金属件进行防腐处理），分类包装，存放在阴凉无鼠害仓库里。

（4）每年汛前检查一次，做好抢险准备。

第13章

装 配 式 围 井

抢护堤防管涌破坏的 NH－GW 型装配式围井，是由单元围板现场装配而成。通常作为国家、流域或省市定点仓库抢险器材储备，也可直接作为国家及地方防汛抢险队的抢险装备。

13.1 用　　途

装配式围井主要用于抢护堤防和大坝的管涌破坏险情。它的主要作用是抬高堤防管涌孔口处的水位，减少江河水位（上游）与管涌孔口处的水位差和水力坡降，抑制堤防管涌破坏的进一步发展。它既可抢护单个管涌，也可抢护管涌群。

13.2 主 要 特 点

装配式围井突破了传统构筑围井的思维模式，摒弃了传统的围井材料、结构和施工工艺，是一种全新、快捷、廉价、环保型防汛抢险器材。具有施工高效快捷，装配灵活，适应性强，便于储运，造价低廉，可重复使用，绿色环保等特点。

13.3 主 要 指 标

（1）单元围板尺寸：宽 1.0m，高分别为 1.0m、1.2m 和 1.5m。
（2）围井大小：可根据管涌险情的实际情况和抢险要求组装，一般为管涌孔口直径的 8～10 倍。
（3）围井内水深：根据管涌险情的实际情况和抢险要求，由围井中的排水系统调节其水深。
（4）单元围板质量：19.5kg（高 1.5m）；17.5kg（高 1.2m）；16.0kg（高 1.0m）。
（5）储备年限：5 年。

13.4 结 构 原 理

13.4.1 结构组成及作用

装配式围井主要由四部分组成。

（1）单元围板。单元围板是装配式围井的主要组成部分（图 13.1）。单元围板主要由水板、加筋三角铁和连接件等三部分组成。挡水板为高强度塑料板，其主要成分为聚氯乙烯，通过特殊工艺加工而成，具有抗拉和抗冲击强度高等优点；加筋三角铁可提高单元围板的整体强度；连接孔为 $\phi32mm$ 的钢管，以便连接和固定单元围板。

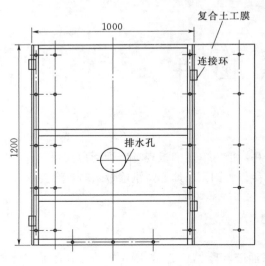

图 13.1　单元围板（单元：mm）

（2）固定件。它的主要作用是连接和固定单元围板，固定件为 $\phi21mm$ 的钢管，其长度为 2.0m、1.7m 和 1.5m，分别用于 1.5m、1.2m 和 1.0m 的围井。抢险施工时，将 $\phi21mm$ 钢管插入单元围板上的连接孔，并用重锤将其夯入地下，以固定围井。

（3）排水系统。排水系统由带堵头的排水管件构成，主要作用为调节围井内的水位。如围井内水位过高，则打开堵头排除围井内多余的水，如需抬高围井内的水位，则关闭堵头，使围井内水位达到适当高度，然后保持稳定。多余的水不宜排放在装配式围井周围，由连接软管将水排放至适当位置。

（4）止水系统。单元围板间的止水系统采用复合土工膜，用于防止单元围板间漏水，在围板装配时，将单元围板上的止水复合膜用螺钉加压条固定在相邻围板的螺孔上，达到防渗止水要求。

13.4.2　工作原理

装配式围井是抢护堤防管涌的有效措施之一。其作用原理是使围井内保持一定的水位，降低管涌孔口处的水力坡降，减少动水压力，使管涌流动的土颗粒恢复稳定。围井内的水位必须严格控制，若水位过低，则围井不能有效控制管涌险情的发展；相反，若围井内水位过高，虽然控制了管涌险情，但它与围井周围产生较高的局部渗透坡降，从而可能引起周围土体管涌的产生。因此，一个围井必须装配至少一个带排水系统的单元围板。

13.5　抢险组织与实施

抢护堤防管涌破坏险情具有时间紧迫、环境恶劣、技术性强、安全性高等特点，其组织实施工作，必须强调统一组织、统一计划、统一指挥、统一实施；必须依据预案，科学决策，充分准备，保障有力；保证按工艺流程施工，按技术要求检查，按安全标准验收。

13.5.1　主要程序

（1）堤防管涌破坏险情发生后，由相关省、市的防汛办公室研究决定是否实施装配式围井进行抢险。

（2）成立专门的组织机构。

1）负责修订完善装配式围井抢护堤防管涌破坏的方案和计划。

2）负责调集人员、设备、器材。

3）按照装配式围井施工工艺要求和制订的方案，构筑装配式围井。

4）根据汛情，做好维护加固工作。

5）汛情过后，做好装配式围井的撤收、清洁、保养、包装入库等工作。

13.5.2　人员编组

装配式围井构筑人员编组，指预先已将装配式围井构成部分及其装配器材运抵作业现场，按实际布设装配、检查校验、所需人员进行编组。以构筑直径为 6.0m 的围井为例，共需装配单元围板 19 块，需 11 人，其工作分配如下：①现场指挥 1 名；②开挖单元围板插槽 2 人；③安装单元围板 4 人；④连接单元围板、安装压条和固定螺钉 2 人；⑤单元围板的固定 1 人；⑥控制排水系统 1 人。

13.5.3　抢险现场总体布置

（1）施工道路：堤顶道路、防汛区公路或田间道路均可作为施工通道。

（2）料场：装配式围井所需构件。

13.5.4　抢险作业工艺

抢险作业工艺，主要分六步。

第一步：确定装配式围井的安装位置。以管涌孔口处为中心，根据预先制定的围井大小（直径），确定围井的安装位置。

第二步：开设沟槽。可使用开槽机或铁铲开设沟槽 1 条，深 20～30cm。

第三步：根据预算设定的单元围板数全部置于沟槽中，并实现相互之间的良好连接，用锤将连接插杆夯于地下。

第四步：将单元围板上的止水复合土工膜依次用压条及螺钉固定在相邻一块单元围板上。

第五步：用土将单元围板内外的沟槽进行回填，并保证较少的渗漏量；如遇到砂质土壤，可在沟槽内放置一些单一土工膜或农膜，以防渗漏。

第六步：检查验收。

13.5.5　抢险施工计划控制（以直径为 6m、高度为 1.2m 的围井为例）

围井器材用料需求见表 13.1，配套作业设备机具需求见表 13.2。

表 13.1　　　　　　　　　　围井器材用料需求表

材料	单位	数量	备注
单元围板	块	19	其中两块围板带有排水系统
固定件	根	19	—
压条	条	19	—
螺丝（ϕ8mm）	套	95	—

表 13.2 配套作业设备机具需求表

材料	单位	数量	备注
铁锤	把	2	安装固定件
铁铲	把	4	清除杂物
扳手	把	4	固定止水复合土工膜

13.6　装配式围井应用规程

13.6.1　运行环境要求

（1）作业区域：要求作业区域内较平整。

（2）运行温度：安装与运行环境温度为 5～60℃。

（3）运行维护要求：有组织地进行安装与运行，在安装与运行前需要对有关人员进行培训，并组织演练。

（4）安全要求：装配式围井挡水材料为高强度塑料板，止水材料为复合土工膜，在安装与运行中不能受到刃器刺划、击打，扭曲，不能重压。

13.6.2　布置及安装

（1）平整装配式围井作业区域，要求无大的坑洼。

（2）将装配式围井各部件置于作业区内。

（3）安装（详见 13.5.4 小节的抢险作业工艺）。

13.6.3　维护

（1）装配式围井在运行中要 24h 看护，检查运行是否正常。

（2）发现问题要及时处理。

1）单元围板与地面的接触面渗漏。用土继续回填单元围板内外沟槽，也可采用土工膜置于围井内，用水压和土袋压实密封。

2）单元围板破坏。迅速换用单元围板，但换用单元围板时应降低或放空围井内水位。

3）汛后分解撤收，单元围板、固定件和止水复合膜用水冲刷干净，保存在阴凉无鼠害仓库里。

4）每年汛前检查一次，进行必要的维修，做好抢险准备工作。